遥望宇宙：地面天文台

美国世界图书出版公司（World Book, Inc.）著

李新健　译

机械工业出版社
CHINA MACHINE PRESS

宇宙探索已经有很多年的历史了，从古代开始，我们的祖先就开始使用天文台去探索宇宙。你知道古代天文台是什么样的吗？知道人类如何使用天文台吗？天文台都有哪些种类？天文台上装着什么类型的望远镜？通过这些望远镜都能观测到什么？打开本书，让我们一起去寻找这些问题的答案。

北京市版权局著作权合同登记　图字：01-2019-2306号。

图书在版编目（CIP）数据

遥望宇宙：地面天文台 / 美国世界图书出版公司著；李新健译. —北京：机械工业出版社，2019.9（2022.10重印）
书名原文：Observatories on Earth
ISBN 978-7-111-63445-4

Ⅰ. ①遥…　Ⅱ. ①美…②李…　Ⅲ. ①天文台 – 青少年读物　Ⅳ. ①P112-49

中国版本图书馆 CIP 数据核字（2019）第 175029 号

机械工业出版社（北京市百万庄大街22号　邮政编码100037）
策划编辑：赵　屹　责任编辑：赵　屹　蔡　浩
责任校对：刘雅娜　责任印制：孙　炜
北京利丰雅高长城印刷有限公司印刷
2022年10月第1版第9次印刷
203mm×254mm · 4印张 · 2插页 · 56千字
标准书号：ISBN 978-7-111-63445-4
定价：49.00元

电话服务	网络服务
客服电话：010-88361066	机　工　官　网：www.cmpbook.com
010-88379833	机　工　官　博：weibo.com/cmp1952
010-68326294	金　　书　　网：www.golden-book.com
封底无防伪标均为盗版	机工教育服务网：www.cmpedu.com

目录

序

作为一名在天文领域从事研究二十余年的天文科研人员而言，很高兴近些年有很多不错的天文学作品出现，我一直关注这些作品，特别是科普作品。在过去的几年当中，也做了一些关于天文领域的科普宣传，很高兴能为天文学的科普事业做些事，如今受机械工业出版社的编辑邀请，为这套天文书写推荐序，我感到十分荣幸。

德国的伟大哲学家康德曾经说过："有两种东西，我对它们的思考越是深沉和持久，它们在我心灵中唤起的惊奇和敬畏就会日新月异，不断增长，这就是我头上的星空和心中的道德定律。"我以前碰到过一个资深的国际知名学术期刊的编辑，他说自己曾经做过统计，90%的小朋友对于两样事物很感兴趣，那就是星空和恐龙。无论对于成人还是孩子，了解星空的奥秘可以说是人类心中最原始的一种愿望。

这是一套包含了天文基本知识介绍并且图文并茂的书籍，从最想了解的宇宙知识到银河、再到恒星以及它们的故事，比如宇宙有多大？宇宙是如何产生的？望远镜可以看多远？什么是暗能量？什么是暗物质？等等。凡是我们通常有的疑问，几乎都可以在这套天文书中找到答案。

回想我自己对天文知识的学习，其实还是蛮不易的。小时候同其他的小朋友一样，对于天文很感兴趣，但是在书籍匮乏和经济落后的西北小镇，几乎没有太多的渠道获取最新的天文知识，听到的时常是各种科学谣言，也就是一些天文学名词外加编造出来的故事，很多时候，这些发生在天体当中的事情被说得玄而又玄。在这种情况下，我对天文学的兴趣还能保留下来，之后还考入南京大学系统学习天文学，现在想来着实不易。看了这套书，我时常在想，如果我能够像现在的孩子一样，在我最想了解星空的时候，拥有一套类似这样的天文书，将是何等幸福和满足，在愿望最强烈的时候得到科学的指引，也许能碰撞出更不一样的火花。愿这套书籍能够在读者最想了解星空的时候，帮助读者解答心中的疑惑，坚定理想，对未来充满希望。

尽管这套书针对的读者对象是青少年，不过对于那些同样对星空充满好奇心的成人而言，这套书也是非常不错的选择，是一套可以用来入门的轻松的天文读物，是可以家庭共享的一套书籍。

好书是良师更是益友，希望读者能够开卷受益。

苟利军

中国科学院国家天文台研究员

中国科学院大学天文学教授

《中国国家天文》杂志执行总编

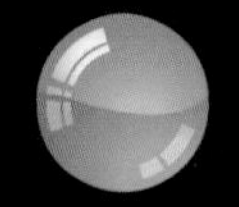

前言

人类始终对天空充满向往。人们看到太阳从东方升起，跨过天空，在西方落下；看到月盈月亏；看到闪烁的星星在夜空中缓缓移动。数千年来，人类总希望破解天空的奥秘。

相比于古代用于研究天空的高塔，现代天文台已经取得了长足进步。天文学家可以借用现代天文台探测宇宙的秘密，他们已经发现太阳不过是万亿颗恒星其中之一，知道宇宙的年龄有138亿岁，也发现了围绕其他恒星旋转的行星。天文学家目前已探测到的宇宙大小，远超古人的想象。

► 在所有光学和红外望远镜中，加那利大型望远镜的镜面最大，它的主镜面口径达10.4米，它建在西班牙加那利群岛中的拉帕尔玛岛上。

古代人如何使用天文台?

从古代开始，天文学就一直和人类文明携手发展，共同进步。

先进的古人

公元前3000年到公元前729年，古巴比伦人生活在今伊拉克南部地区，是他们创立了天文学。天文学是对天空中的物体进行系统研究的学科。古巴比伦人还建立了人类历史上第一座天文台，用于观察天空。他们编写了第一个星表，用以描述恒星和星座，并用数学方法推测月食的出现和行星的运转，以及白天和黑夜的长短。

标记夏至

许多古代人相信恒星是神，在天上主宰地球。不过，除了神话意义，古代天文学也有其实用价值。

一些远古的建筑可以帮助人们标记夏至日，这是一年中白昼最长的一天，是夏天的开始。这些古代天文台帮助古人知道何时种植庄稼。

在夏至日，巨石阵的石头对准日出的方向。

古代天文学家借助天文台追踪季节变化，农民可以据此知道种植庄稼的时间。

位于英格兰南部的巨石阵的排列方向与夏至日日出和冬至日日落的方向相同。秘鲁马丘比丘的庙宇中有一个缺口，只有在夏至日的时候，阳光才可以从此射入。

宇宙历法

许多古代人，包括古巴比伦人、古埃及人和古玛雅人，都会用天文学知识编写历法。我们现今使用的历法就是古代人的重要成就，他们通过观察月亮、行星、太阳在天空中的移动轨迹编写历法，然后根据历法安排宗教庆典以及指导何时耕种与收获。

建造于公元前3100年的巨石阵，现今依然耸立在英格兰境内。

关注

古代的天文台

古代天文台是众多古建筑遗迹中的一种。古人观察天空主要是出于宗教原因，但这些天文台也有其实际功用。古代人利用天文台观测天空进而编写历法，而历法又可以告诉农民正确的播种时节，以保证农作物的丰收。天文学是人类对大自然进行系统研究的第一门科学。

▶　位于埃及卢克索附近的卡纳克神庙大柱厅可能已经被古埃及人使用了2000年，它被用来追踪恒星的运动。

◀　“简仪”是元代天文学家郭守敬于公元1276年创制的一种测量天体位置的仪器。

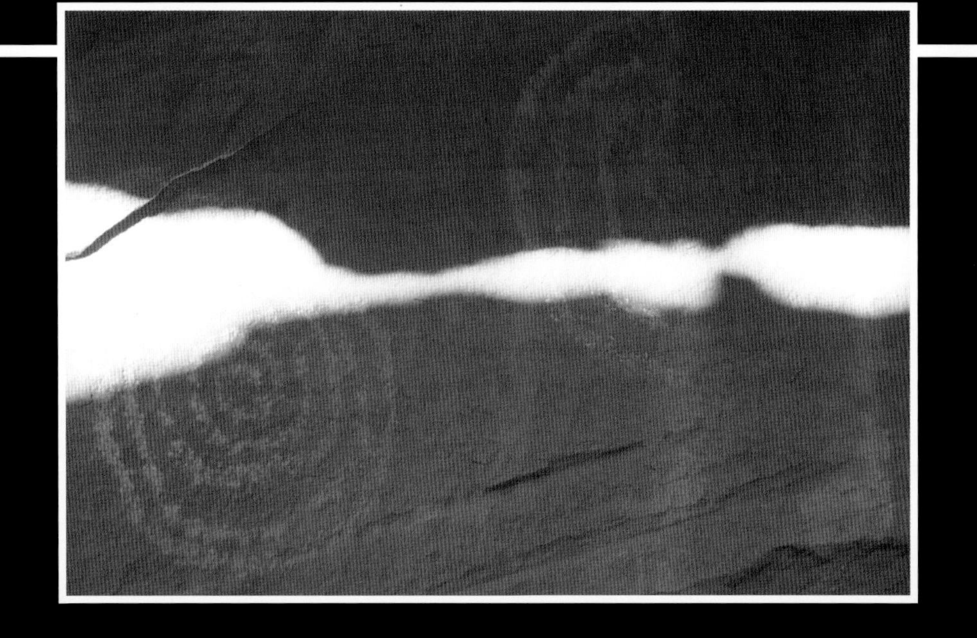

◀ 位于美国科罗拉多州的霍文威普国家保护区的岩壁画遗迹，夏至日日出时的阳光将之照亮。

▼ 霍文威普国家保护区中有一座已经毁坏的塔形建筑，这可能是古普韦布洛人修建的天文台。古普韦布洛人是兴盛于公元500年到1300年的美洲原住民。

关注

奇琴伊察——神之建筑

在墨西哥尤卡坦半岛奇琴伊察的古玛雅观象台展现出古代人为研究天空而做出的伟大努力。奇琴伊察是玛雅的首都，兴盛于公元900年到1200年，它是玛雅天文学的重要中心。

城堡

奇琴伊察城内最高的建筑是一座金字塔，其中供奉着羽蛇神库库尔坎，这座金字塔通常被称为“城堡”。每到春分和秋分（白昼和黑夜等长，皆为十二小时）时，金字塔阶梯的影子宛若蛇形，随着太阳落下，这条蛇似乎在蜿蜒下行。

蛇形的影子代表着羽蛇神库库尔坎从金字塔上下来，降临奇琴伊察城。

◀ 城堡共有四组台阶，分别代表四季。每组台阶有91级，总共364级，这恰好接近地球绕行太阳一圈所需的天数。

▲ 兼任天文学家的祭司在这座椭圆形天文台中观测天空。

▼ 这座椭圆形天文台与金星的运动一致，而金星和羽蛇神库库尔坎密切相关。

天文台

科学家认为位于奇琴伊察城的椭圆形塔是一座天文台，这座塔与金星的运动方向相一致，两个狭窄的缝隙恰好标示出金星夜晚在天空中移动的最南端和最北端位置。对玛雅人来说，金星非常重要，这颗行星与羽蛇神库库尔坎联系密切，而库库尔坎是这座城市的崇拜对象。

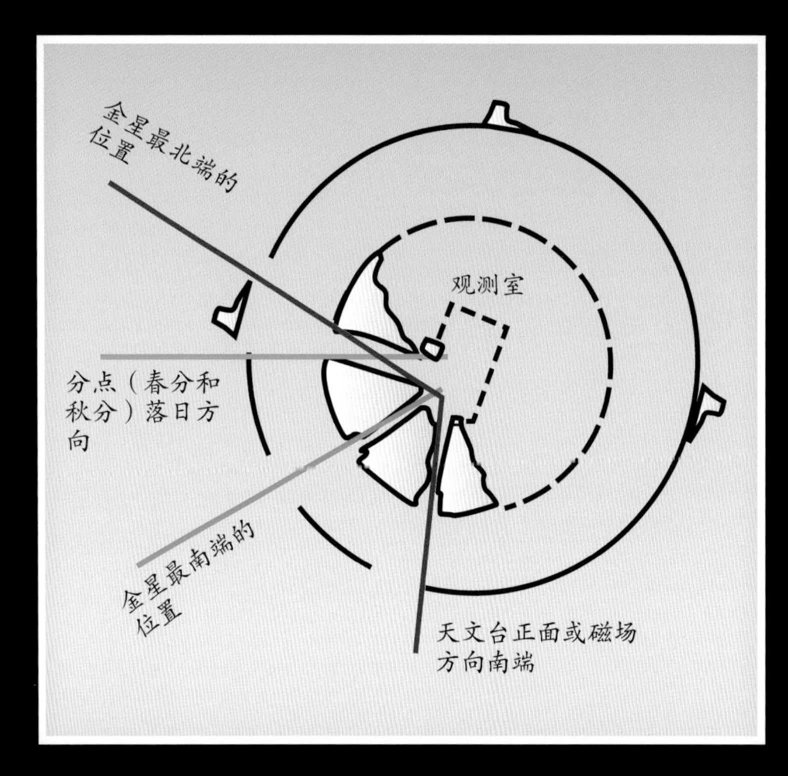

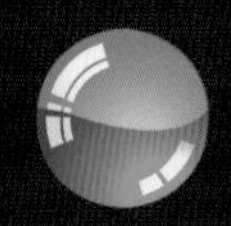

现代天文台和古代天文台有何不同?

古代人仅凭肉眼直接观测天空，就取得了令人震惊的天文学成就。当天文学家给天文台装上望远镜后，这门科学的大门才正式被打开。现在，望远镜、计算机和其他先进设备使天文学家能够探测到更广阔的时空。

望远镜

望远镜是现代天文台的核心部件，它是可以将远处的物体放大的装置。17世纪，望远镜的发明大大拓宽了人类对宇宙的认知。现在，性能最强大的望远镜可以观测到比人类肉眼可见暗100万倍的图像。

图像记录

现代天文台的另外一个重要特点是可以记录图像。多年前拍摄的照片，天文学家在若干年后仍可以研究。将底片长时间对准昏暗物体，照相机就能拍到足够明亮的照片。通过这种方式，一张照片可以揭示很多细节，而这些细节是用望远镜无法直接看到的。

丹麦天文学家第谷•布拉赫（1546—1601）是最后一位只用肉眼观测天空的天文学家，他的观测结果要比此前的天文学家精确得多。

现代天文台装有望远镜和其他用于研究恒星、星系和其他天体的设备。

计算机

计算机是天文学家常用的另外一个非常重要的工具，它能记录和分析望远镜收集到的信息，例如对肉眼无法直接看到的电磁辐射的分析必须依靠计算机完成。计算机可以记录并分析上百万张图片，并能帮助望远镜跟踪恒星的移动。

“品鉴”恒星

现代天文台装有的某些设备会让古代人感到困惑。例如，光谱仪可以将复合光线分离成为单色光，形成被叫作光谱的图形结构。天体的光谱可以揭示构成天体的不同化学元素。通过研究光谱，天文学家仿佛可以伸手去探测恒星并对其化学成分进行取样。

一位科学家正在用一台精密的照相机记录来自天体的光，这只是众多被用在现代天文台中的高科技设备之一。

光谱仪被用于分析天体发出的光。

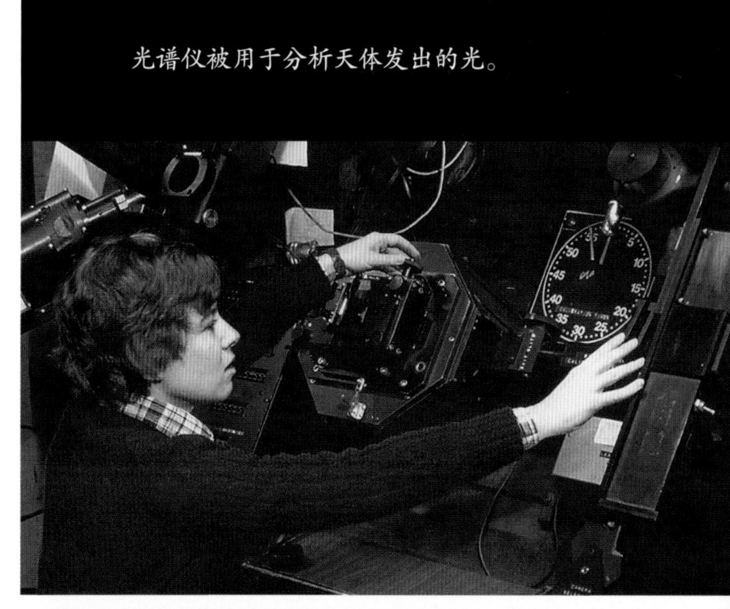

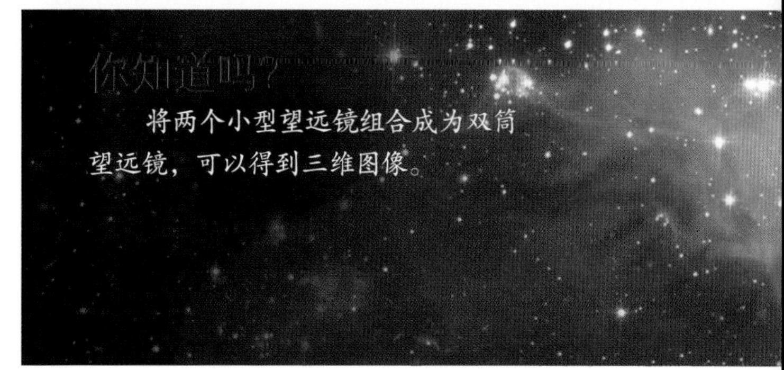

你知道吗？

将两个小型望远镜组合成为双筒望远镜，可以得到三维图像。

为什么许多天文台都有圆顶?

装在现代天文台上的望远镜和其他设备都是精密仪器，必须保护它们不受恶劣天气的影响，因此要将其放进圆形屋顶。一台只能观测天空中一个点的望远镜将毫无用处。现今的望远镜可以转动，因而天文学家可以观测整个天空。

圆顶

天文台的圆顶通常是用金属做的，跟天文台相互契合，两者的关系就像瓶盖与瓶子。圆顶通常被安装在轮子上，这样就可以沿着固定的轨道移动。小型圆顶用手就可以移动；大型圆顶则需要依靠机械来转动。

圆顶之上开有缝隙，并装上了金属门。当使用望远镜时，天文学家会打开金属门，通过调整望远镜和旋转圆顶来观测

多数现代天文台都由圆顶保护，天文学家可以旋转圆顶，以观测天空的不同部分。

1675年建造的英国格林尼治皇家天文台是世界上最早的现代天文台之一。建造它的原因是英国人要更加准确地定位某些恒星、月亮和太阳，从而提高英国皇家海军的导航能力。

屋顶之所以被建造成圆形，是因为这样可以随意转动，保证望远镜能对准天空中的任何位置。

天空中的任何位置。

基座

早期的望远镜很轻便，而现代望远镜的质量可达数千吨，它们通常会被安装在叫作基座的复杂机械上。基座可以转动望远镜和调整其倾斜角度。基座还能让望远镜随着地球的自转而转动，这可以使望远镜整夜不间断地观测同一个天体。

斯芬克斯天文台位于瑞士的阿尔卑斯山脉高处，它为天文学家提供了特别清晰的夜空视野。天文台的圆顶保护其中的精密仪器不受外界环境影响。

为什么多数天文台都建在山上？

一闪一闪小星星

夜晚，人们看向天空，会发现恒星在不断闪烁。对天文学家来说，恒星的闪烁可不是好事。

恒星并不是断断续续地发光，闪烁的原因是光线穿过地球大气时受到大气畸变作用的影响。地球大气中流动的空气和水蒸气就像透镜一样，使得星光到达地面时会发生弯曲。这种大气畸变作用使通过望远镜看到的物体显得模糊。

进入空气稀薄地带

减轻大气畸变作用的方式之一是爬上高山。海拔越高，大气造成的影响越小。把天文台建在高山之上可以最大程度地避开大气畸变的影响。而要想完全避免，则需将天文台送至大气层之外的宇宙空间。

消除闪烁

科学家还开发了能够纠正大气畸变的技术，这种技术被称为自适应光学。它的原理是量化大气的畸变作用，通过计算机计算得到衡量畸变程度的数值，进而知道如何调整望远镜的镜面以补偿大气造成的畸变。然后，微小的机械装置据此调整镜面的弯曲程度，这样就可以在一定程度上消除大气畸变的影响。

射向天空的激光束可以帮助天文学家绘制出由大气引起的光的畸变图。天文学家将这些信息作为自适应光学系统的一部分来帮助望远镜聚焦，消除畸变的影响。

地球的大气层使天体发射的光线弯折，将天文台建在山上是为了避开大气层中最厚的那部分，以减少大气畸变作用对光线的影响，从而可以看到更清晰的图像。

▲　以上三幅月球的照片清晰地展示了大气的畸变作用。随着月球降落至地平线以下，照片越来越模糊，这是因为月光抵达地面前所需穿透的大气层越来越厚。

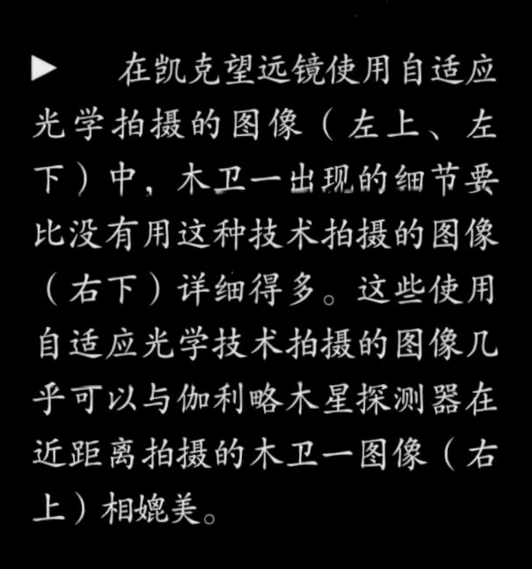

►　在凯克望远镜使用自适应光学拍摄的图像（左上、左下）中，木卫一出现的细节要比没有用这种技术拍摄的图像（右下）详细得多。这些使用自适应光学技术拍摄的图像几乎可以与伽利略木星探测器在近距离拍摄的木卫一图像（右上）相媲美。

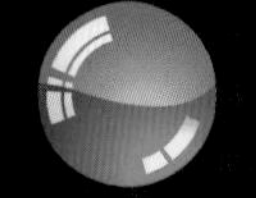

天文台都有哪些类型的望远镜？

最早的望远镜很像指向天空的巨大放大镜。大部分望远镜都是光学望远镜，这意味着它们能观测可见光。不过，也有些望远镜可以观测不可见光，例如红外线和无线电波。

巨大的彩虹

早期的天文学家并不知道人类只能看到波长范围很窄的光。可见光是太阳或其他恒星发出的一种电磁辐射，但它只是整个光谱中的一小部分。

光分为长波和短波，波长是光波的两个相邻波峰（波谷）间的距离。无线电波、微波、红外线的波长大于可见光，紫外线、X射线和伽马射线的波长小于可见光。

此图为风车星系的合成照片，由光谱中的不同部分构成，包括X射线、可见光和红外线，合成之前的照片如下面三张图所示。

X射线展示了爆炸的恒星和黑洞附近的能量。

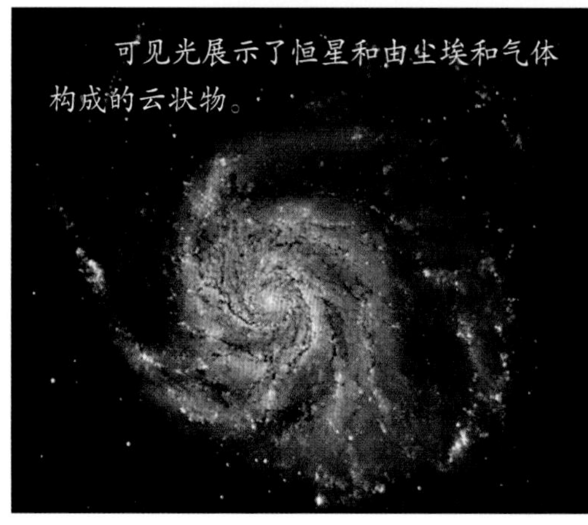

可见光展示了恒星和由尘埃和气体构成的云状物。

红外线展示了恒星形成区域的热量。

天文台里有不同类型的望远镜。有些望远镜用于观测可见光，有些则用于观测肉眼无法直接看到的电磁辐射。

不可见的宇宙

科学家已经建造出了用于观测不同形式的光的望远镜。在地面上，射电望远镜和红外望远镜给天文学家提供了很大帮助。红外望远镜可能看起来很像光学望远镜，而射电望远镜酷似巨型卫星天线。红外望远镜和射电望远镜有特殊用途，因为尘埃和气体无法遮蔽红外线和无线电波，却能屏蔽可见光。

地球大气层会阻挡紫外线、X射线和伽马射线，因此，如果想观测这些光线，必须把望远镜放在飞机上送至高层大气，或者发射到太空中。

辐射的来源都是什么？

辐射名称	来源
X射线	日冕、黑洞周围的物质盘、类星体
可见光	行星、恒星、星系、小行星、彗星
红外线	诞生中的恒星、温度较低的恒星、行星

望远镜可以看多远?

旷日持久的飞行

新视野号探测器以每秒20公里的速度飞离太阳系，它是目前速度最快的人造天体。这个速度可以换算成每小时7.2万公里。下面提到的数字表示该探测器抵达宇宙不同位置所需要的时间。

后发座超星系团是距离我们3亿光年的星系集团，新视野号需要4.5万亿年才能抵达。到那时，宇宙中的所有恒星早就燃烧殆尽了。

仙女座星系距离我们只有250万光年，是距银河系最近的大星系，但新视野号却需要375亿年才能抵达。

地球与木星间的距离，随二者与太阳相对位置的不同而不同。当两者相距最近时，新视野号只需要一年时间就能抵达。

宇宙空间极大，离太阳最近的恒星是比邻星，距离约为39.7万亿公里。如果可以乘坐飞机抵达那里，大约需要450万年。

光速

因为宇宙空间极大，所以科学家通常用光年来衡量距离，1光年是指光在真空中行进1年所经过的距离。宇宙中光最快，它的速度是每秒299,792公里，1秒钟就能绕行地球超过7圈。按照这个速度，光1年可以行进9.46万亿公里。因此，我们通常说比邻星距离地球约4.2光年。

回望过去

比比邻星更远的恒星距离我们可能有数千、数百万，甚至数十亿光年。当我们观测1000光年之外的恒星时，我们看到的实际上是这颗恒星1000年前的样子。它可能在明天发生爆炸，但我们得到这个消息时，也已经过去了1000年。因此，当我们观测深空天体时，我们其实是在回望过去。

边界极限

我们能观测到的距离最远的星系，它发出的光已经在宇宙中行进了超过130亿年。当光离开这些星系时，宇宙的年龄还不足10亿岁，借用性能更强大的望远镜，天文学家可以观测到更遥远的星系，也就相当于看到了更远的过去。未来某天，我们甚至可能看到第一批恒星诞生之时。

光可以每秒绕行地球超过7圈。可即便速度如此之快，光从太阳到地球依然需要8分钟，从离太阳最近的恒星到地球则需要4.2年。

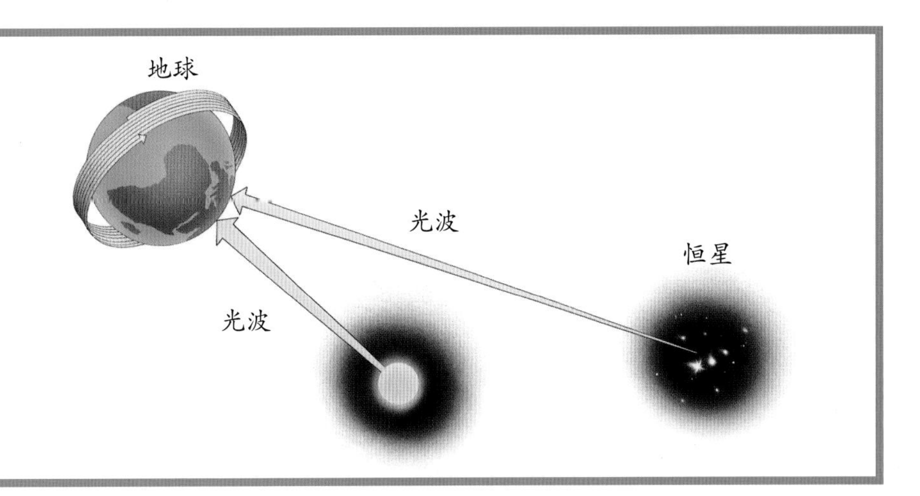

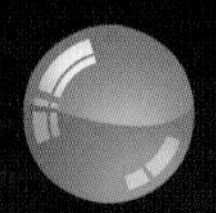

天文学家利用地面天文台研究什么?

太阳系

利用地面天文台，天文学家可以研究太阳和太阳系内的其他行星。天文学家希望掌握太阳的基本状况。他们还研究太阳风暴，它可以影响绕地轨道和地球上的电子设备和系统。名为“太空警卫”的项目正是利用望远镜来搜寻可能撞击地球的物体。

其他世界

天文学家还利用地面天文台探测系外行星，并且已经发现了4000颗，下一代天文台还将继续搜寻。目前，地面天文台装有的最大的光学望远镜是加那利大型望远镜，其口径达10.4米。

你知道吗?

威尔逊山天文台位于美国加利福尼亚州的威尔逊山。1905年，该天文台建造了它的第一台望远镜，其零部件是由骡子驮上山的。

位于美国新墨西哥州萨克拉门托山顶的邓恩太阳望远镜拍下的照片，太阳风暴让太阳表面呈现翻滚状态。

天文学家利用地面天文台研究太阳、行星和太阳系内的其他天体，以及恒星、星系和宇宙深处的其他天体。

巨大飞跃

天文学家利用地面天文台来研究遥远的恒星和气体云。他们已经深入到银河系中心，研究了恒星的演化。现在天文学家已经着手研究本星系群，以及宇宙的结构了。随着望远镜的性能越来越强，科学家可以对宇宙有更多的了解。

在智利布兰科望远镜拍摄的照片中，一个由尘埃和气体组成的彗星状云团拖着长度为8光年的尾巴穿过银河系。云团中含有的物质足以形成几颗太阳大小的恒星。

什么是光学望远镜?

机械眼

天文学家已经开发出了多种不同类型的望远镜，其中应用最广泛的是光学望远镜。这种望远镜能收集可见光，是历史最悠久的望远镜之一。

在许多方面，光学望远镜与人类的眼睛相似，它们都能看到可见光。当光线进入人类眼睛，晶状体在眼睛后部呈现图像，随即有信号传递到大脑。在最普通的光学望远镜中，一系列透镜聚集光线，并直接在目镜上呈现图像。目镜是望远镜上的一个开口，可以让人们直接看到图像。其他类型的望远镜将光线聚焦在记录图像的电子设备上。

“解剖”望远镜

光学望远镜包括几个基础部分。镜筒构成望远镜镜身，而物镜用于收集光线。

光学望远镜是历史最悠久的望远镜，至今仍然最为常见。

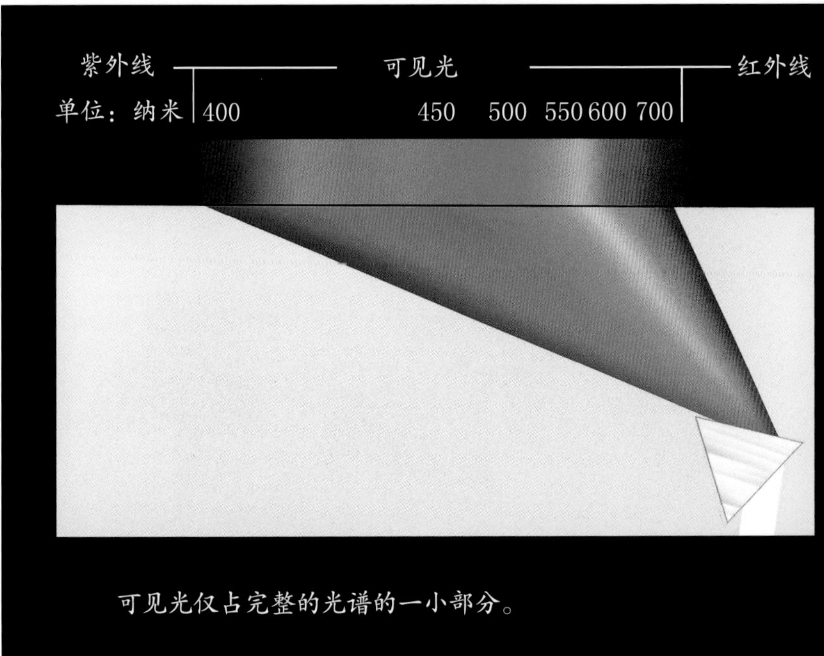

可见光仅占完整的光谱的一小部分。

光学望远镜是管状设备，利用可见光放大天空中的物体。

有一种光学望远镜的物镜是透镜，这种望远镜利用折射成像。折射是指光线传播方向的改变或弯曲现象。也有其他类型的光学望远镜，其物镜是面镜，这种望远镜利用反射成像。反射是指光线射向镜面后反弹的现象。还有一些望远镜结合反射和折射成像。

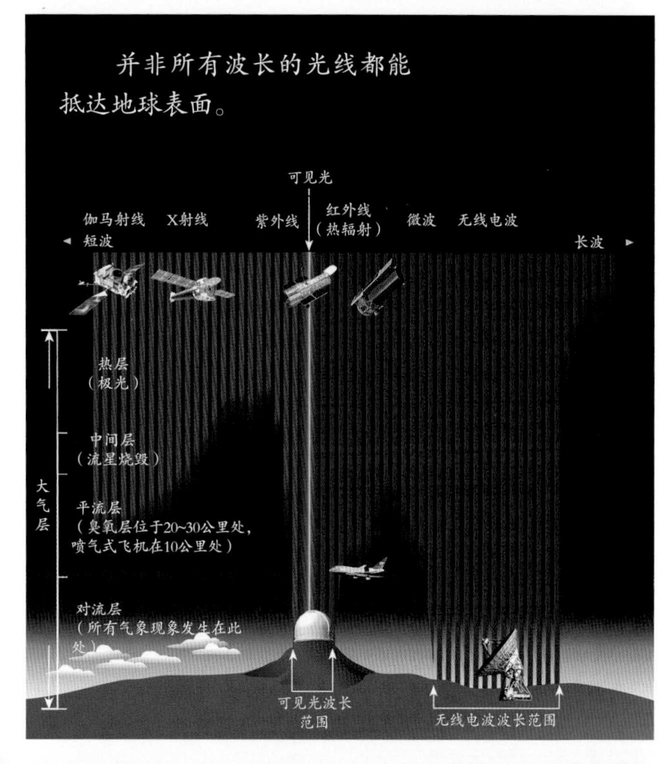

并非所有波长的光线都能抵达地球表面。

位于美国威斯康星州的叶凯士天文台装有世界上最大的折射望远镜。

关注

凯克天文台——仰望天空

凯克天文台位于夏威夷的莫纳克亚山，装有的两架望远镜建造于20世纪90年代。这两座巨大的分段镜面式望远镜每个质量达到300吨，是世界上第二大的光学望远镜，仅稍逊于位于加那利群岛上的加那利大型望远镜。凯克天文台能观测可见光和红外线。天文学家利用凯克天文台研究太阳系，分析来自遥远星系的辐射，以及搜寻系外行星。

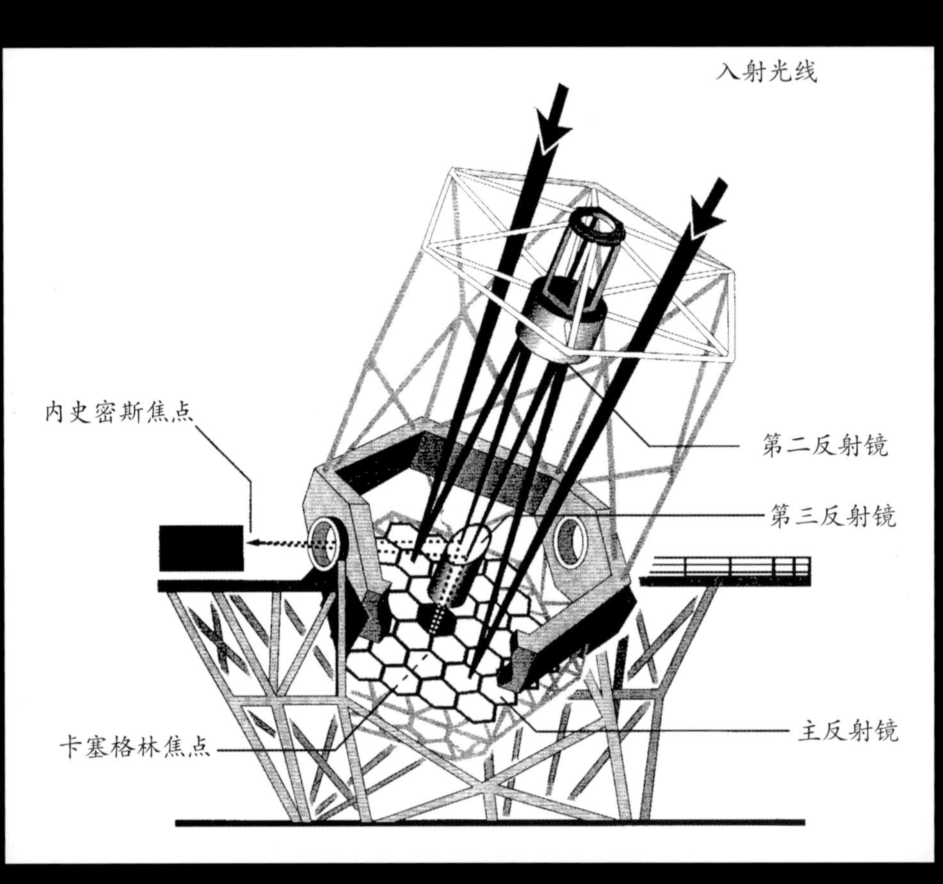

凯克天文台的每个圆顶里都装有8层楼高的望远镜，望远镜主镜面由36个小镜面拼接而成，拼接后的效果相当于10米口径的望远镜。如果采用单镜面，而非现在的拼接镜面，其巨大的重量会导致镜面下垂，图像也会变形。

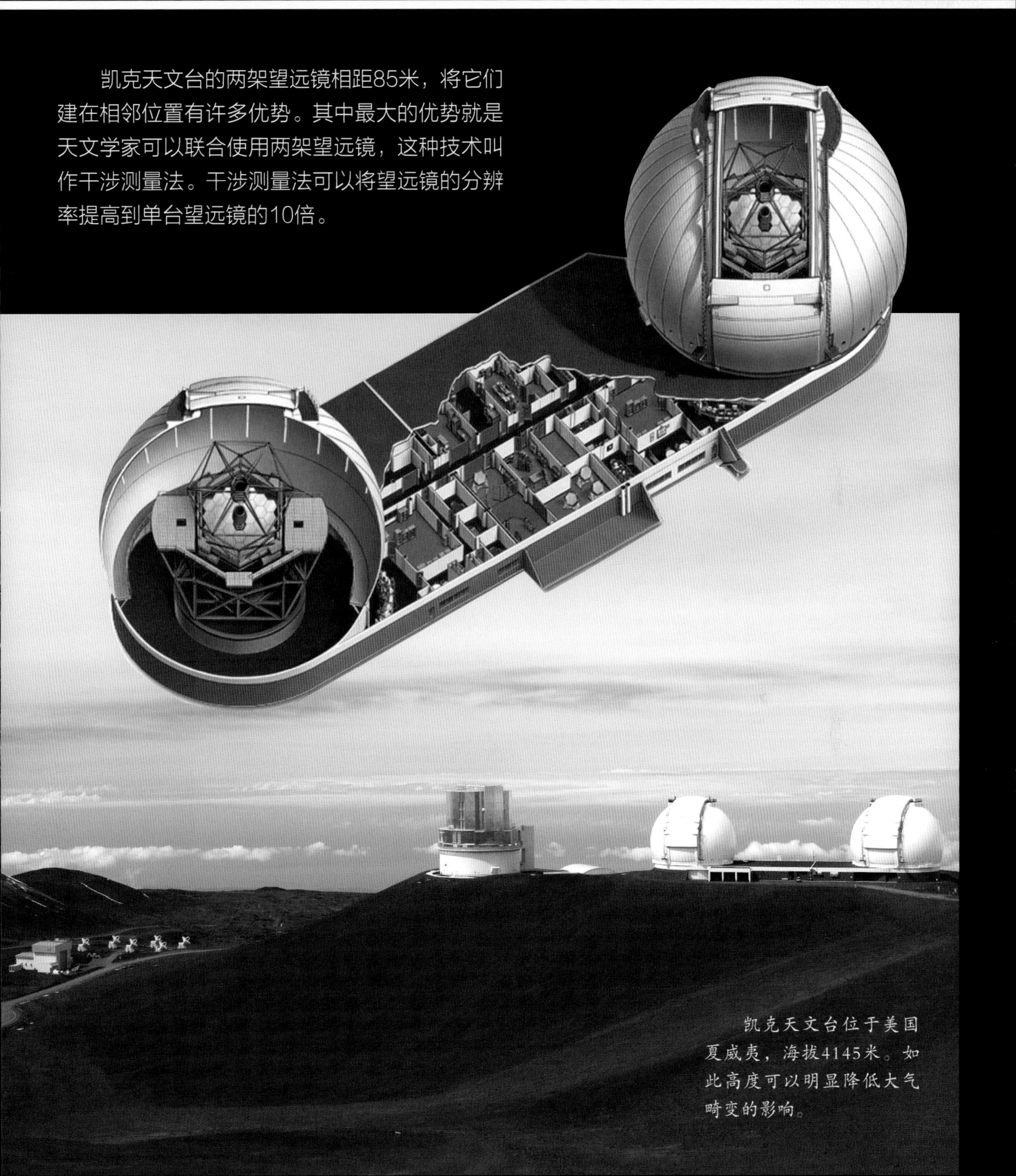

凯克天文台的两架望远镜相距85米，将它们建在相邻位置有许多优势。其中最大的优势就是天文学家可以联合使用两架望远镜，这种技术叫作干涉测量法。干涉测量法可以将望远镜的分辨率提高到单台望远镜的10倍。

凯克天文台位于美国夏威夷，海拔4145米。如此高度可以明显降低大气畸变的影响。

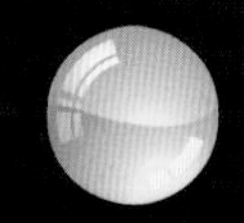

什么是放大率和分辨率?

放大

衡量望远镜性能的最重要的指标是放大率和分辨率。

放大率是指较小物体被放大的程度。望远镜的放大率可以用“数字+X”表示。例如，7X放大率是指经过放大的图像的大小是肉眼看到的7倍。较大放大率的望远镜在使用时必须保证其处在非常稳定的状态，以防止放大后的图像出现跳动和震颤的现象。

望远镜的放大率取决于它的焦距，或者说是物镜与焦平面间的距离。物镜是用于收集光线的透镜或面镜，焦平面是成像的区域。

分辨率至上

分辨率是指望远镜所能分辨的最小视角，这决定了所呈现图像的清晰程度。

放大率是指较小的物体被放大的程度，放大后的月球照片使天文学家看到了月球表面的更多细节。

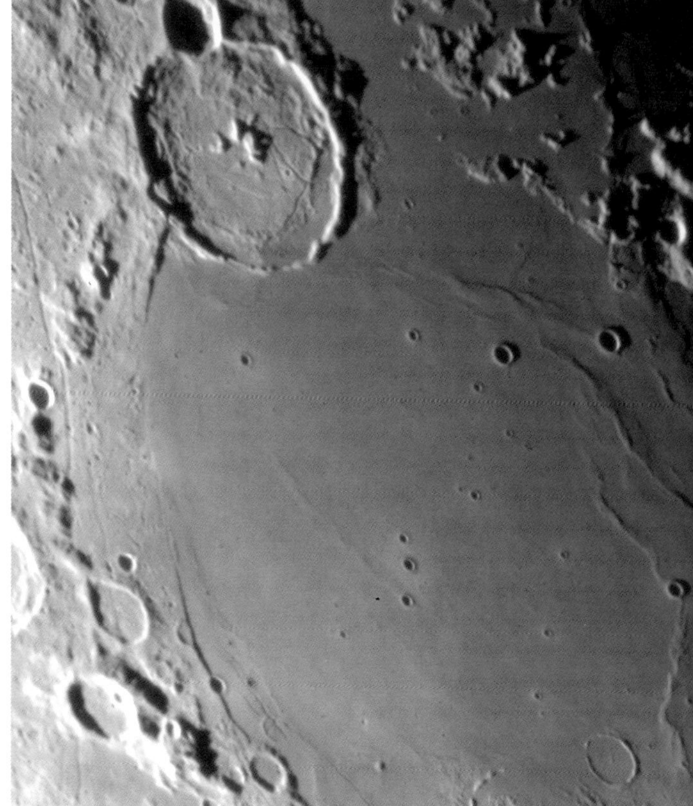

早期的望远镜被称为间谍眼镜，这是因为它们被用于探查敌军的行动和防守情况。

放大率是指较小的物体被放大的程度，分辨率则是指望远镜所能分辨的最小视角。

分辨率远比放大率重要。一座高放大率、低分辨率的望远镜所呈现的恒星图像可能就像一团光，而在高分辨率望远镜所呈现的图像中，这团光实际上有可能是两颗独立的恒星。高分辨率的望远镜首次揭示了遥远的星系是由单个恒星组成的，它们还能帮助天文学家探测宇宙中较暗的物体。

物镜大小

望远镜的分辨率取决于其物镜收集到的光线的多少。物镜越大，收集到的光就越多。物镜的通光直径叫作口径。望远镜性能的提高很大程度上取决于口径的增大。

现在的业余光学望远镜可以收集到的光是肉眼的100倍。相比之下，伽利略发明的望远镜所收集到的光是肉眼的30倍，而大型现代望远镜则可以达到肉眼的100万倍。

上图是2008年用光学望远镜拍摄的马头星云照片，相比下图这张1888年第一次拍到的马头星云照片，其展示了更多细节。

第一架光学望远镜是谁发明的?

1608年，荷兰人汉斯·利伯谢用制造眼镜镜片的技术，发明了人类史上第一架望远镜。他的望远镜立刻取得了成功，尤其是在军队将领中间，因为他们迫切地想要看到远处的敌军。1609年，意大利数学家和天文学家伽利略·伽利雷读到了关于望远镜的介绍，于是决定制作自己的望远镜。

全新改进款

利伯谢发明的望远镜只能把物体放大3倍，可以用3X表示。伽利略随即进行了改进设计，他的望远镜达到了30倍的放大率，即30X。最早期的望远镜都是用透镜成像的折射望远镜。

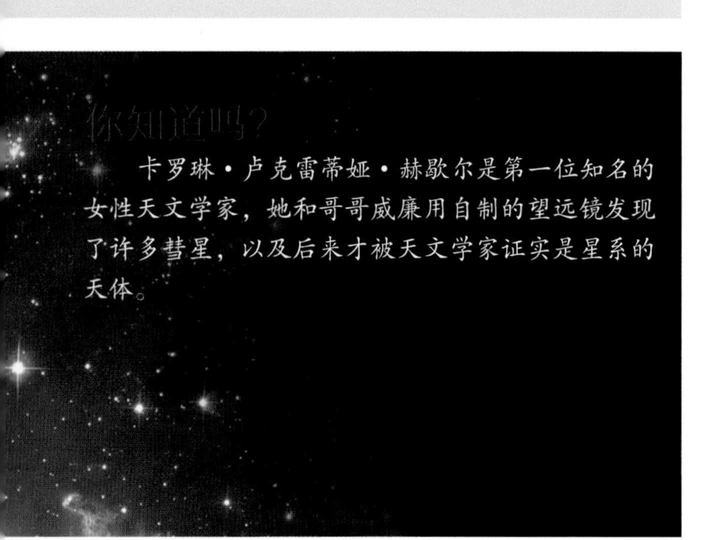

你知道吗?

卡罗琳·卢克雷蒂娅·赫歇尔是第一位知名的女性天文学家，她和哥哥威廉用自制的望远镜发现了许多彗星，以及后来才被天文学家证实是星系的天体。

伽利略用他发明的20倍放大率的望远镜发现了木星的四颗卫星。

1608年，荷兰的一位制造透镜的匠人发明了第一架望远镜，伽利略·伽利雷此后很快就制作出了性能更强的望远镜，并以此做出了许多重要的天文发现。

伽利略卫星

当伽利略将他的望远镜对准天空时，一个天文学和科学的新时代随之开启。伽利略发现月球表面并不平坦，而是被高山和峡谷覆盖。

1610年，他发现了四颗围绕木星旋转的卫星，这是人类第一次发现其他行星的卫星。这四颗卫星被称为“伽利略卫星”。他还发现横贯于夜空中的白色带状物，即我们所知的银河，是由无数单个恒星组成的。

1609年8月25日，伽利略为威尼斯的官员展示他的望远镜，他称其为“光学管”，如下图17世纪的版画所示。在展示会上，伽利略强调了这种仪器的军事价值。

新的卫星，新的奇迹

1609年，伽利略·伽利雷第一次将自己制造的望远镜对准了天空，因此，他被称为现代实验科学的奠基人。伽利略发现了木星的四颗卫星，分别是木卫一、木卫二、木卫三和木卫四，这四颗卫星也被称为“伽利略卫星”。伽利略还是第一个看到土星环的人，虽然他的望远镜的性能不足以让他看清土星环的形状。伽利略在他的一生中做出了无数重要的天文学发现，正是他的观测结果使他确信哥白尼的日心说是正确的，即包括地球在内的所有行星都在围绕着太阳旋转。在此之前的数千年间，欧洲人始终相信地球是宇宙的中心。现在，我们已经明白太阳系内的行星都是围绕太阳旋转的，而太阳本身则围绕银河系的中心旋转。

▶ 英国业余天文学家托马斯·哈里奥特在1609年7月26日绘制了月球表面的地图，这是人类第一次通过望远镜看月亮，比伽利略还要早。但是，哈里奥特直到伽利略发表月面地图几年后才将这幅地图公诸于世。

◀ 1609年12月，伽利略发表了自己绘制的月球素描图。这幅图长期以来被当作历史证据，证明伽利略是第一个用望远镜看月亮的人。但哈里奥特的地图比伽利略的月球素描图更早。

▶ 伽利略是第一位观测到土星环的天文学家。当他1610年第一次看到眼前的画面时，以为这是土星两侧的巨大卫星，他把土星说成是有“耳朵”的。之后，当他再度观测时，土星环直面地球，以至于伽利略认为之前的那两部分突然消失了。1616年当伽利略再度观测土星时，光环重新出现。伽利略对此深表疑惑。没人知道这是什么，直到50年后荷兰天文学家克里斯蒂安·惠更斯发明了性能更强大的望远镜，才正确展现了土星环的样子。

折射望远镜是如何工作的?

早期的望远镜都是折射望远镜，这些望远镜彻底改变了人类研究天空的方式。

弯曲的光线

折射望远镜镜筒的一端是一个用来收集星光的透镜，称为物镜。物镜是一个凸透镜，它的中心要比边缘厚。当一束平行的入射光线经过物镜时就会发生折射，造成光线弯曲。光线在透镜边缘处的弯曲程度较大，在中间部分的弯曲程度较小。这样，从物镜出来的透射光线就会在镜筒内的焦点处聚集成像。经过焦点的光继续传播，经过镜筒另一端被称为目镜的透镜后，光线再次弯曲变回平行光，最终我们得以看到被放大的观测物体。

折射望远镜是最古老的望远镜，直到现在，依然有很多人使用它们。

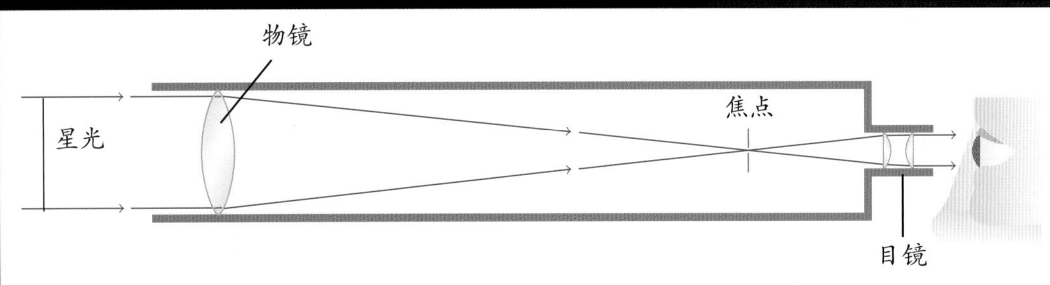

折射望远镜使用凸透镜收集并聚集光线。

“破坏者”——彩虹

很不幸，早期的折射望远镜存在严重的缺陷。当光线通过透镜时，对于光谱中不同波长的光，其弯曲程度不同，例如紫外线的弯曲程度强于红外线。因此，早期的折射望远镜看到的图像，其边缘会出现彩虹状图案。这种彩虹边缘叫作色差。

无法解决的问题

天文学家试图通过减小透镜的曲率来解决色差的问题，这确实可以降低色差的影响，但随之而来的问题是要不断加长镜筒长度。为了获得更长的焦距，天文学家开始建造镜筒更长的折射望远镜。世界上最大的折射望远镜是叶凯士天文台的1米口径的折射望远镜。

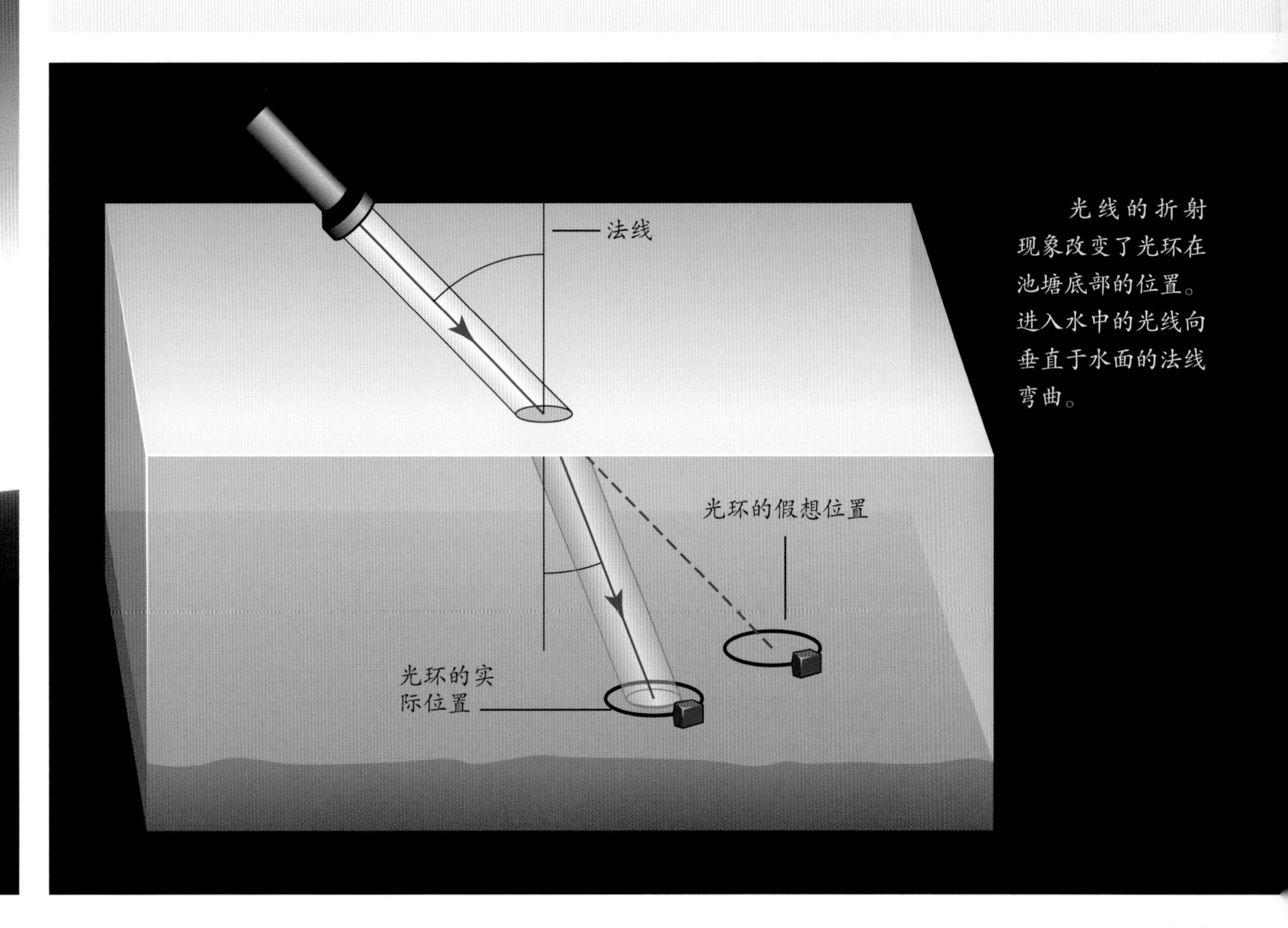

光线的折射现象改变了光环在池塘底部的位置。进入水中的光线向垂直于水面的法线弯曲。

追光

从第一台望远镜被发明以来，天文学家从未停止过对性能更好的仪器的追求。但这个过程充满艰辛，其中包括为转动又大又沉的望远镜而需要克服的机械问题。不过，最大的困难可能是制造可以收集更多光线的镜面。即便是现在，科学家仍在努力建造性能更强大的望远镜。

▶ 1785—1789年，英国天文学家威廉•赫歇尔制造了一架1.2米口径的反射望远镜。这架望远镜的长度有12米。

◀ 1845年，爱尔兰天文学家罗斯伯爵（威廉•帕森斯）在帕森城建造了1.8米口径的大型望远镜“利维坦”，它在此后数十年间一直是世界上最大的望远镜。帕森斯做出了许多发现，包括对蟹状星云的描述，以及最先确定“星云”是旋涡形状的。我们现在知道这些“星云”就是旋涡星系。

1953年，美国天文学家埃德温·哈勃去世前不久，曾在美国加利福尼亚帕洛玛天文台的5米口径的海尔望远镜前摆出各种姿势。海尔望远镜是1948—1993年间世界上性能最强大的望远镜。借用加利福尼亚威尔逊山天文台中装有的2.5米口径的胡克望远镜，在20世纪20年代，哈勃做出了足以颠覆天文学界的发现。他证明了仙女座星云实际上是一个远在银河系之外的独立星系。他还发现，星系之间的距离越远，互相远离的速度就越快。这种运动是由宇宙膨胀引起的。

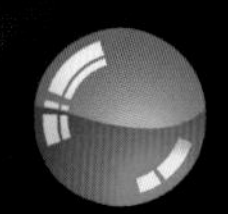

第一架反射望远镜是谁发明的？

折射望远镜深刻且永久地改变了天文学，但凸透镜却存在很多问题。而使用反射镜的反射望远镜并没有这些问题。

反射望远镜出现

1616年，意大利天文学家尼科洛·祖奇发明了反射镜，但成像效果并不好。1663年，苏格兰数学家、天文学家詹姆斯·格雷戈里设计了一架反射望远镜，但他找不到可以制造望远镜的工匠。直到1668年，英国天文学家、数学家艾萨克·牛顿爵士制造了第一架反射望远镜，人们这才意识到反射望远镜的用处。

从颜色到宇宙

牛顿一头扎进对组成可见光的多种单色光的研究之中，他用的工具是棱镜——一块被切割出多个平面的玻璃。穿过棱镜的光线会色散成彩虹的颜色，这是因为玻璃会根据其波长弯曲光线。由于相

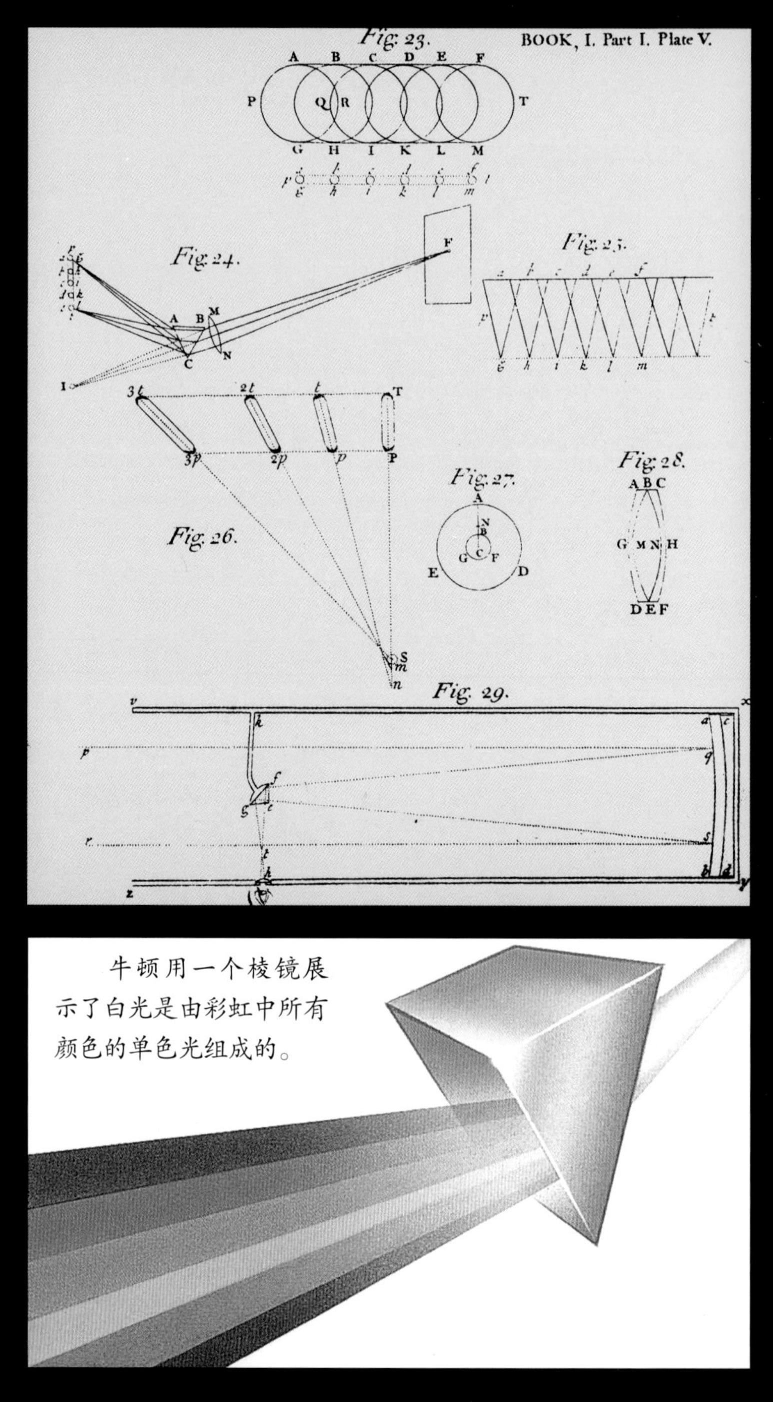

牛顿对光学的研究是他成功制造出反射望远镜的理论基础。

牛顿用一个棱镜展示了白光是由彩虹中所有颜色的单色光组成的。

同的原理，折射望远镜拍下的照片有彩虹边缘，即色差。

与透镜不同，面镜不会弯曲光线，而是将光线从表面反射回去。牛顿意识到用面镜制造的望远镜不会产生色差。他发明的反射望远镜成为天文学家的首选仪器。

凹陷的物镜

面镜还有一个优势。性能越强大的望远镜需要更大的物镜，这样才能收集更多的光线。但较大的透镜又厚又沉，它会在自身的重量下弯曲变形，进而扭曲图像。与透镜不同，面镜没有那么厚，它可以非常大，重量却很轻。正因如此，反射望远镜被做得越来越大，从而分辨率得到了大幅度提高。

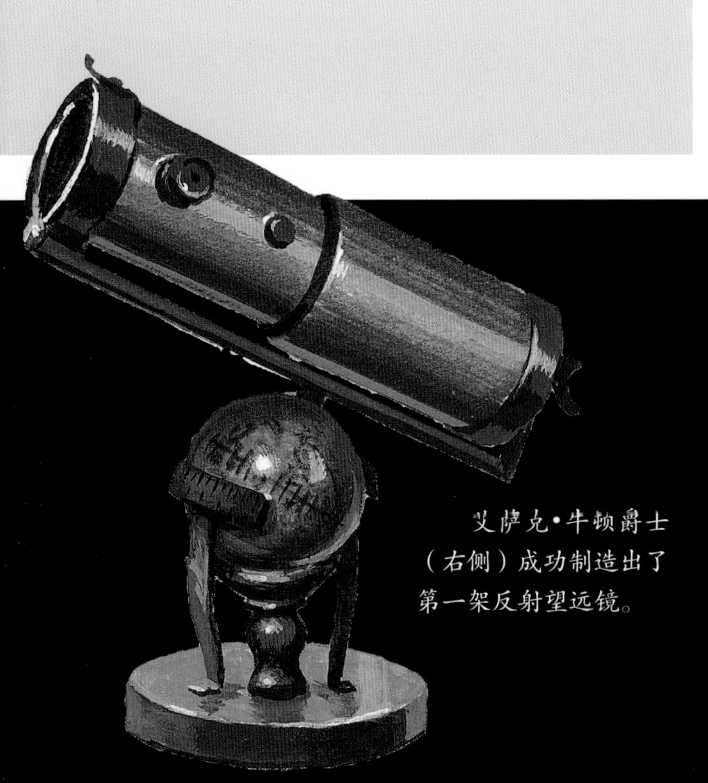

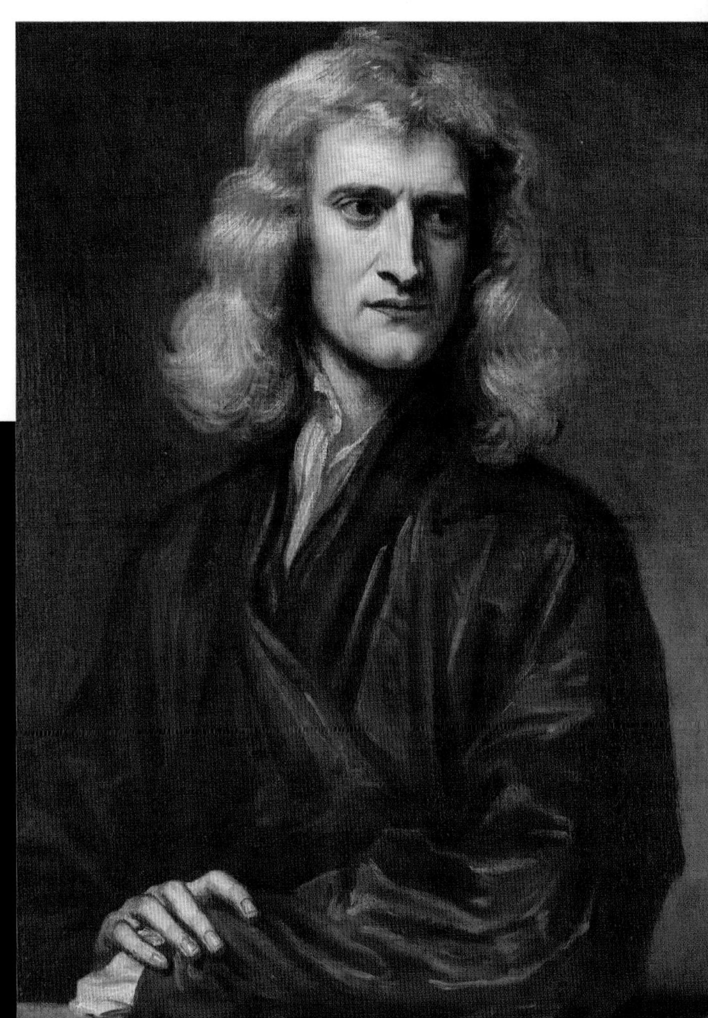

艾萨克·牛顿爵士（右侧）成功制造出了第一架反射望远镜。

反射望远镜是如何工作的?

折射望远镜可以说是强力放大镜，反射望远镜没有这么简单了。反射望远镜利用反射镜收集光线来成像，反射镜又叫面镜，包括平面镜、球面镜等。科学家花费了很多年时间来开发和改进反射望远镜。

主镜面和抛物线

反射望远镜用面镜替代透镜用作收集光线的物镜。主镜面位于望远镜镜筒的一端，经过主镜面反射的光线进入镜筒的另外一端。主镜面向内凹陷，像一个碗。早期的镜面会有一些图像失真，后来，科学家把主镜面的弯曲弧度改成了抛物面，才解决了这个问题。抛物面可以完美地将光线反射至焦点。

弹出来

在牛顿的反射望远镜中，光线经主镜面聚集后射入副镜面，再经过反射射入镜筒一侧的目镜。这样，反射望远镜的开口部分什么都没有，光线就可以直达主镜面。

改进反射镜望远镜

1672年，法国望远镜制造商纪尧姆·卡塞格林设计了一架望远镜，它采用了中间有孔洞的主镜面。牛顿制造的反射望远镜的副镜面是平的，而卡塞格林的副镜面却有弧度，这样就可以进一步聚焦图像。光线经反射后从主镜中央的一个小孔出来，焦点位于镜筒的末端。

相当部分的反射望远镜至今还在沿用卡塞格林的设计，其设计后来还被用在射电望远镜中。

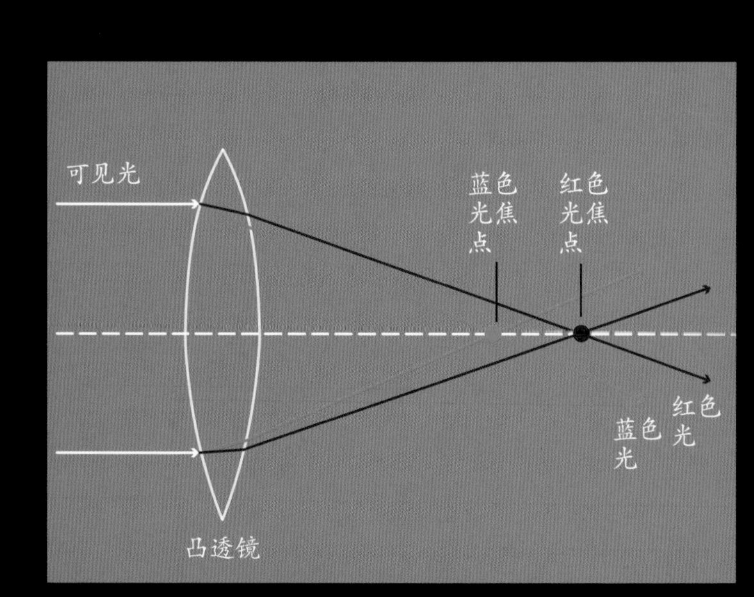

与面镜不同，凸透镜会在成像时出现色差，原因是不同波长的单色光被折射后不能聚焦在相同的点上。

反射望远镜用反射镜收集和聚焦来自天空的光线。

反射望远镜的主镜面是抛物面。

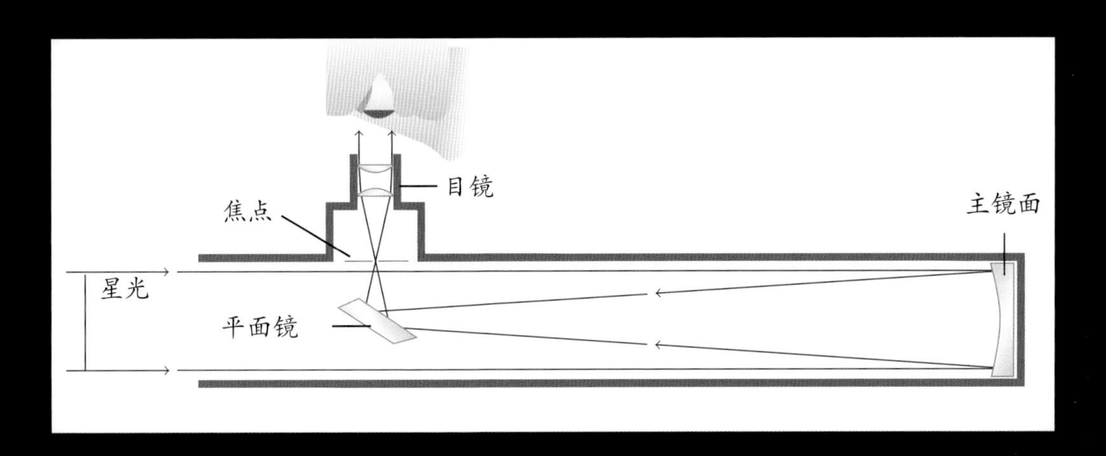

20世纪30年代，工人正在为美国加利福尼亚海尔望远镜的口径为5米的镜面进行抛光处理。因为面镜的厚度小于透镜，所以它们可以被制造得很大，却不至于被自身重量压弯。完成海尔望远镜主镜面的抛光处理先后用了10年时间。

折反射望远镜是如何工作的?

还有一种望远镜结合了反射望远镜和折射望远镜的优点，被称为折反射望远镜。1930年，爱沙尼亚光学家伯恩哈德·施密特发明了折反射望远镜。

从透镜到面镜

与其他光学望远镜相同，可见光从折反射望远镜镜筒的一端射入。光线先穿过一个透镜，然后照射在镜筒另一端的面镜上，面镜是球形的。光线被主镜面反射至弧形的副镜面上，被聚焦的光线穿过主镜面中心的孔洞。折反射望远镜在这方面采用了卡塞格林的设计。天文学家通过目镜观察被放大的图像。

聚焦

很不幸，球面镜同样会使图像扭曲。不过，这种扭曲可以利用望远镜开口处的透镜修正，透镜弯曲射入光线的程度恰好可以修正球面镜造成的像差。

超大视角

使用球面镜最大的优势是它可以收集到更大范围内的光线。实际上，折反射望远镜所能成像天区的范围远大于其他类型的望远镜。天文学家已经用折反射望远镜拍下了整片天空的照片，这些照片可以被用于大规模恒星巡天项目的研究。

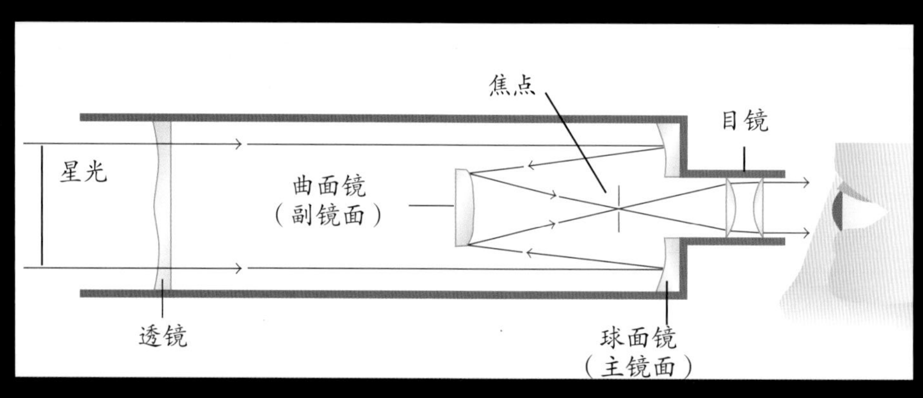

折反射望远镜以球面镜为基础，加入折射元件，以取得良好的光学效果。

▶ 右图是位于澳大利亚赛丁泉天文台的口径3.9米的折反射望远镜——英澳望远镜，多数情况下，它被用于大范围天区巡天。

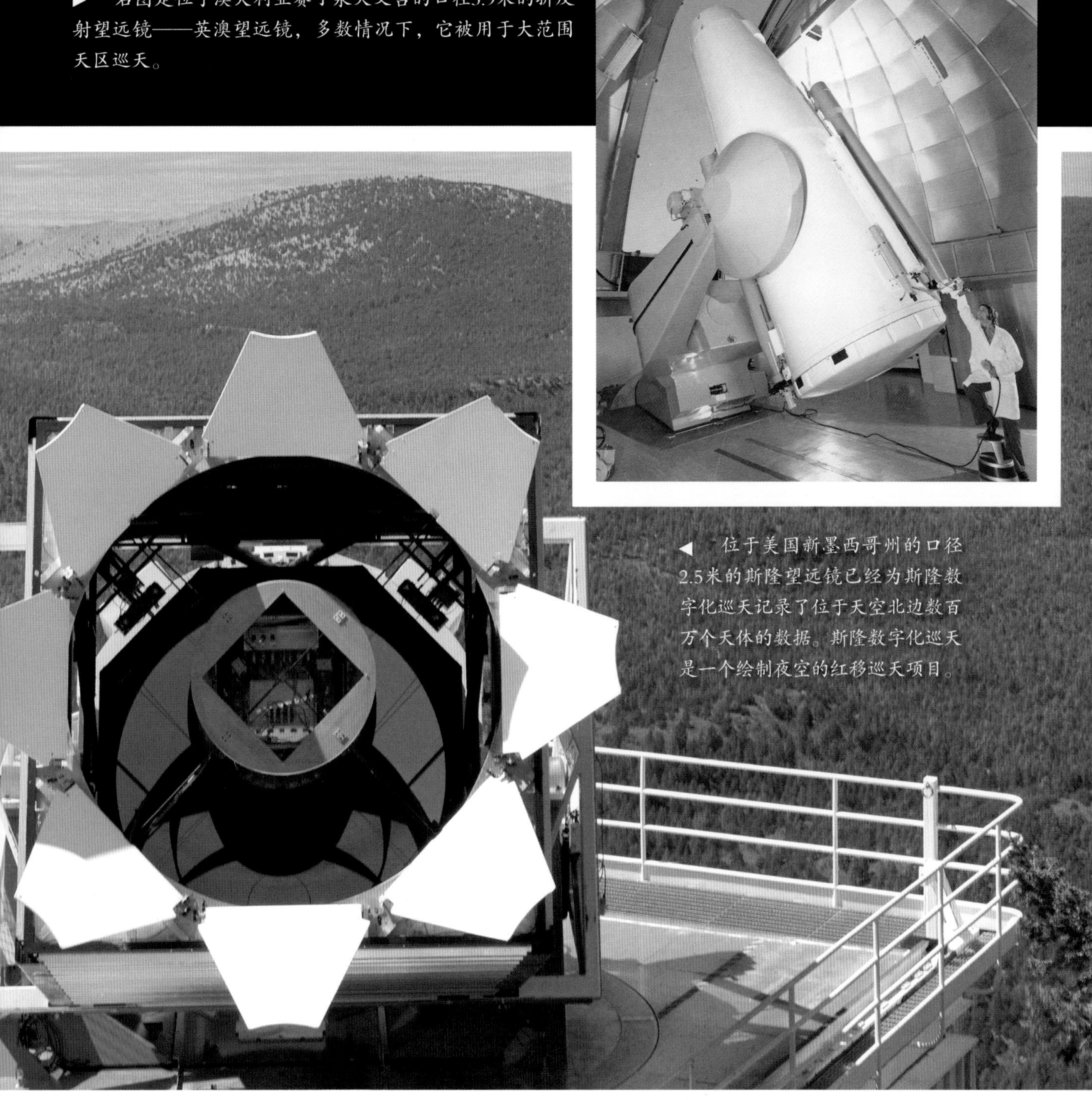

◀ 位于美国新墨西哥州的口径2.5米的斯隆望远镜已经为斯隆数字化巡天记录了位于天空北边数百万个天体的数据。斯隆数字化巡天是一个绘制夜空的红移巡天项目。

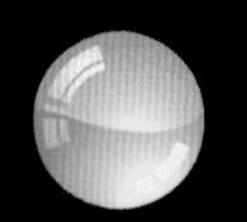

望远镜如何成像?

拍摄夜空照片有很多好处，它可以让其他天文学家在多年以后研究同一片夜空。夜空照片可能需要长时间曝光，以便让原本昏暗到用望远镜无法直接看到的物体变得清晰可见。

照相底片

19世纪，照相机被发明后不久，科学家就开始在他们的望远镜上安装相机。在20世纪中期，照相机已经被很广泛地用在了天文领域，多数大型望远镜甚至没有目镜。

早期的照相机用大玻璃板拍摄照片。很快，胶片便取代了玻璃作为照相底片。直到20世纪90年代天文学家还在使用照相底片。照相底片对光线极度敏感，适合记录大范围天区用于巡天。

不能“眨眼”

为了持续记录夜空中昏暗天体发出的光，对准天空的望远镜必须与地球的旋转保持同步。天文学家将望远镜放在基座之上，机械装置以与地球旋转相同的速度移动望远镜。计算机控制移动方式，使望远镜能够长时间观测同一个天体。

1975年用来发现威斯特彗星的照相底片（下图）已经被电子设备所取代。

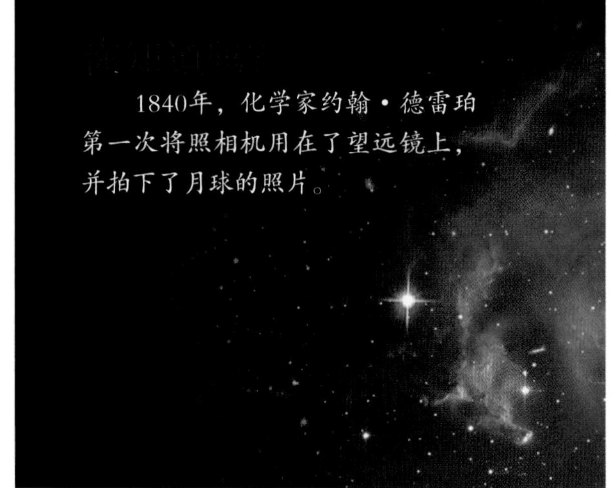

1840年，化学家约翰·德雷珀第一次将照相机用在了望远镜上，并拍下了月球的照片。

许多先进的技术都已经被用在了望远镜上，以更好地记录夜空。

电子化

20世纪70年代，天文学家开始使用电荷耦合器件（CCD）记录图像。它是一种可以将光波转换成电信号的计算机芯片，数码相机用的是相同的技术。电荷耦合器件已经替代了原来的胶片，对光线的敏感度远高于胶片，电子照片也方便计算机存储和分析。现在，电子技术已经取代了传统的记录图像的方式。

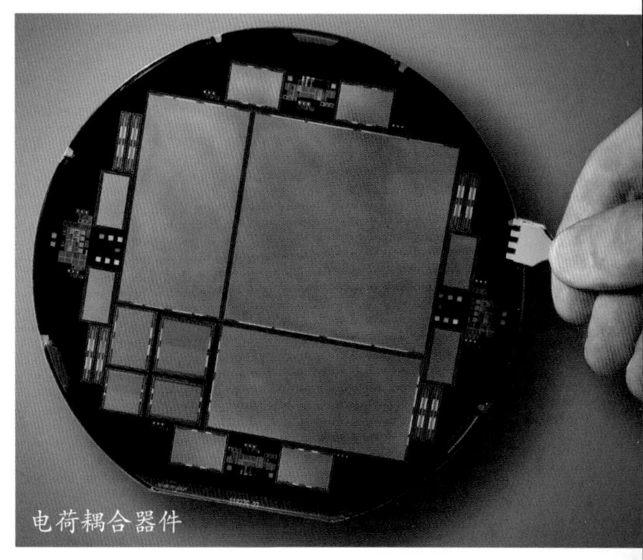
电荷耦合器件

2006年，在美国宇航局的一架科研飞机上，天文学家使用CCD相机观察星尘号宇宙飞船的返回舱进入大气层的着陆画面。返回舱内携带着星尘号收集到的维尔特二号彗星尘埃样本。

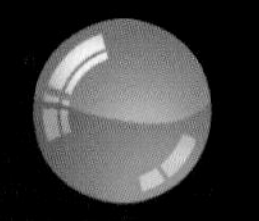

天文学家如何使用计算机制作天文图像?

在现代天文领域，计算机已经成了重要工具。电荷耦合器件可以收集到来自遥远星系的极为微弱的光线，计算机分析电荷耦合器件生成的数据，并将之转换为图像。计算机还能将这些图像变得更加生动，帮助天文学家更好地理解望远镜看到了什么。

记录光线

照相底片和电荷耦合器件都是用来记录图像的。电荷耦合器件并不会直接成像，而是将光线转换成电信号，跟视神经将射入眼睛的光线转换为神经信号一样。

如果没有大脑，视神经生成的神经信号就毫无意义。对于望远镜，计算机扮演着与人类大脑相同的角色。电荷耦合器件生成的电信号本质上是信息流，由0和1组成，计算机会将这些0和1转换成人类可以看懂的图像。

假彩色

红外望远镜和射电望远镜收集我们看不见的红外线和无线电波。由于这两种光没有自然的颜色，计算机程序会给它们分配假彩色。假彩色就像一种翻译，用人们能够理解的方式表达关于光的信息。

在相应的计算机程序出现之前，望远镜拍摄的许多照片都没有颜色。

土星的假彩色照片显示了土星环中冰粒尺寸的信息。

计算机芯片可以直接存储照片，计算机程序分析并给这些照片上色。

合成

计算机可以将不同望远镜拍摄的照片合成到一张图像里。红外望远镜可以看透气体和尘埃构成的云状物，向我们展示光学望远镜无法探测到的恒星。X射线望远镜用于探测发出少量可见光的高热物体。计算机能将这些照片合成到一张照片上，并给不同的光分配不同的颜色。例如，计算机会用红色表示红外线，黄色表示可见光，蓝色表示X射线。用单色光合成的图像能展现更完整的天体视图。

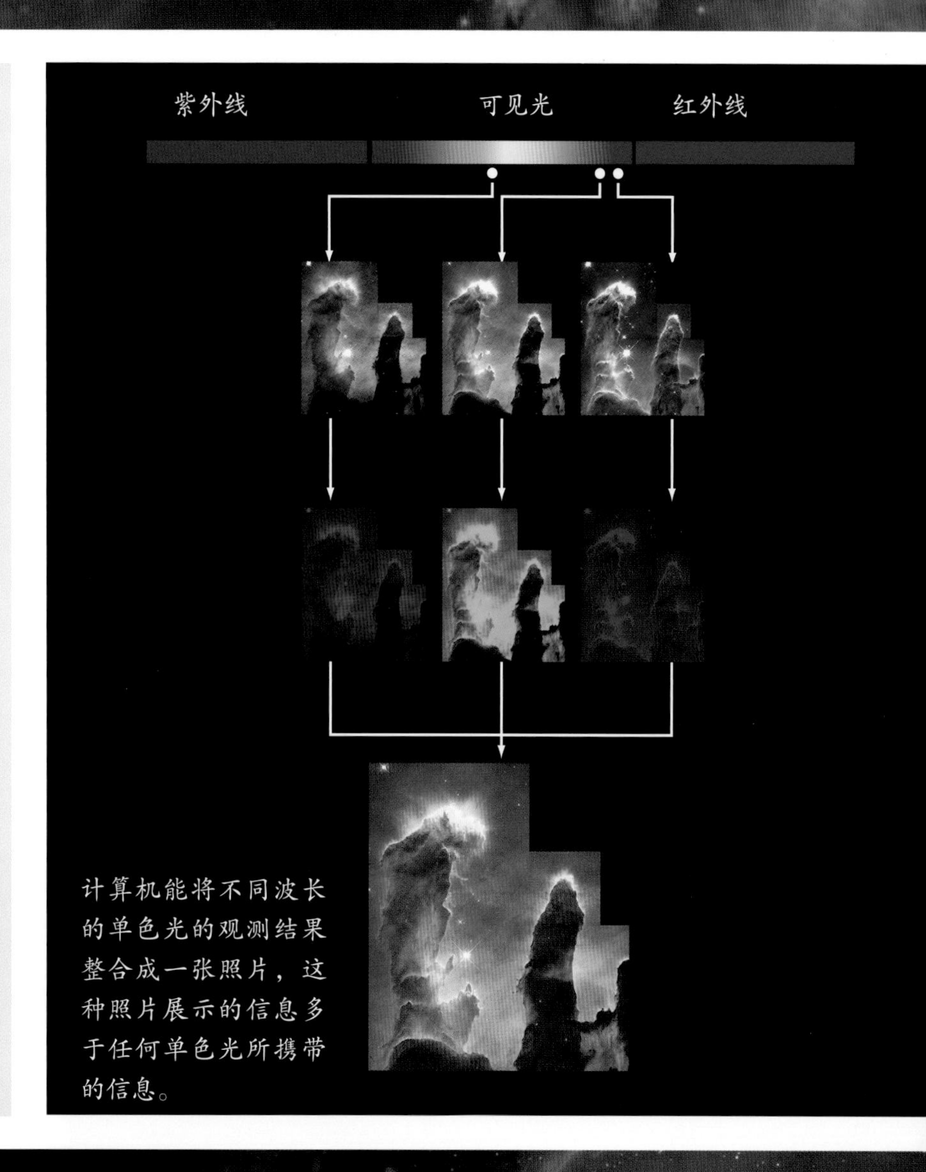

计算机能将不同波长的单色光的观测结果整合成一张照片，这种照片展示的信息多于任何单色光所携带的信息。

你知道吗？

“哈佛计算员”是指1877—1919年在哈佛大学天文台处理天文资料的一群女性技术人员。她们对天文学家发现的恒星和其他天体进行编号。其中最有名的一位是安妮·坎农，她改进了哈佛分类法，完成了几十万颗恒星的光谱分类。

为什么有不同种类的望远镜镜面?

要想建造性能更好的望远镜，天文学家必须制造更大的物镜。尽管反射镜的重量小于透镜，但是最大的反射镜面也开始因自身重量而发生弯曲。因此，为了得到性能更好的望远镜，科学家已经开始着手设计新的镜面制造方法了。

拼接

科学家能将许多小的镜面拼接起来构成大的镜面，即拼接镜面。美国夏威夷莫纳克亚山上有两座凯克望远镜，望远镜的主镜面由36个小镜面拼接而成，其中每个小镜面的口径是1.8米，拼接后的反射镜面的口径达到10米。要想制造同等大小的传统镜面非常困难。

位于智利拉斯坎帕纳斯天文台的巨型麦哲伦望远镜计划在2025年投入使用，它的主镜面由7个8.4米口径的反射镜组合而成，最终口径可达24.5米。

蜂巢

将熔化的玻璃浇注在蜂巢形的模具之中，即可制造出蜂巢式镜面。蜂巢形结构可以让镜面在有足够强度的同时重量较轻，实际上，蜂巢式镜面甚至可以漂浮在水面上。美国亚利桑那州的大双筒望远镜使用的就是蜂巢式镜面，它有两个镜面，每个镜面的口径都是8.4米。

液态镜面

液态镜面是由可以反光的液态金属制作而成的，例如水银。电动机旋转一个装满液态金属的盘子，让液态金属固定为合适的形状，液态金属就可以直接作为镜面使用。位于加拿大温哥华附近的大天顶望远镜用的就是液态镜面，口径是6米。

加拿大的大天顶望远镜装有一个自由旋转的液态镜面，其口径是6米。这架望远镜建造于2003年，它被用于研究宇宙的宏观结构和星系的演变。

为了不断增加望远镜物镜的口径，科学家提出了许多新的镜面制造方法。

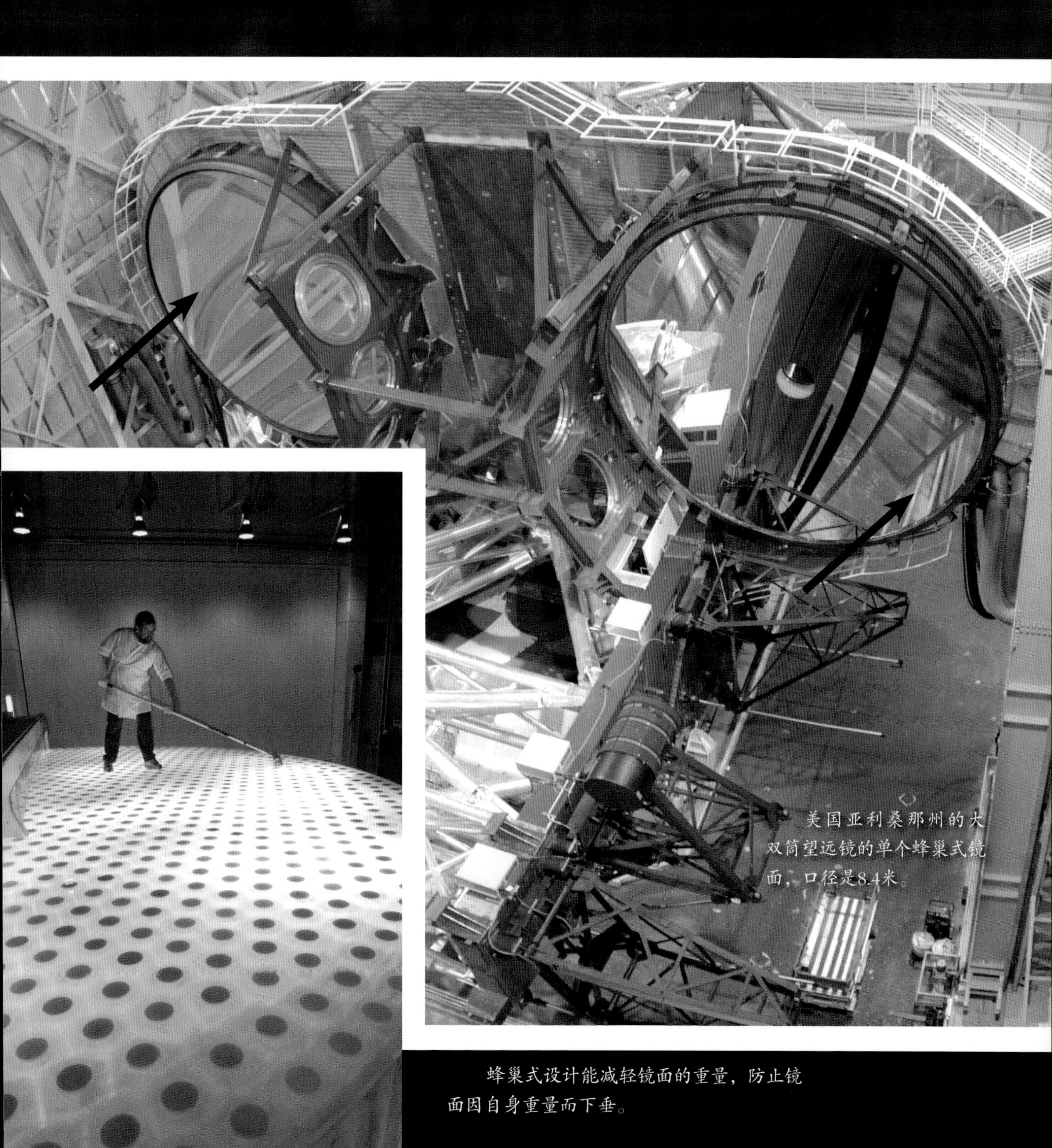

美国亚利桑那州的大双筒望远镜的单个蜂巢式镜面，口径是8.4米。

蜂巢式设计能减轻镜面的重量，防止镜面因自身重量而下垂。

什么是光污染?

星空

为了看清横跨于夜空中犹如一条光带的银河，你必须远离城市。在一个非常黑暗和晴朗的夜晚，无论在地球何处，即便不用望远镜，人们也可以看到约3000颗星星。

光是污染源

在现代城市，看到的夜空景象与在黑暗中看到的完全不同。即便是在晴朗无月的夜晚，居住在大城市或其附近的人也只能看到很少的星星。问题所在是光污染。这里所说的光污染是指因人类活动而产生的照向天空的不必要的光，来源主要是路灯、建筑物外灯、发光广告牌以及城市中的其他光源。这些光会被大气层中的尘埃、水蒸气和其他颗粒物反射。就像白天的时候太阳光会干扰星光，晚上城市里的这些光会让星空黯然失色。

在纽约市的夜晚，一个人不借助任何工具只能看到25颗星星。2009年的一项研究表明，因为光污染，如果不借助望远镜，全世界约有五分之一的人无法看到银河，这其中包括三分之二的美国人和三分之一的欧洲人。

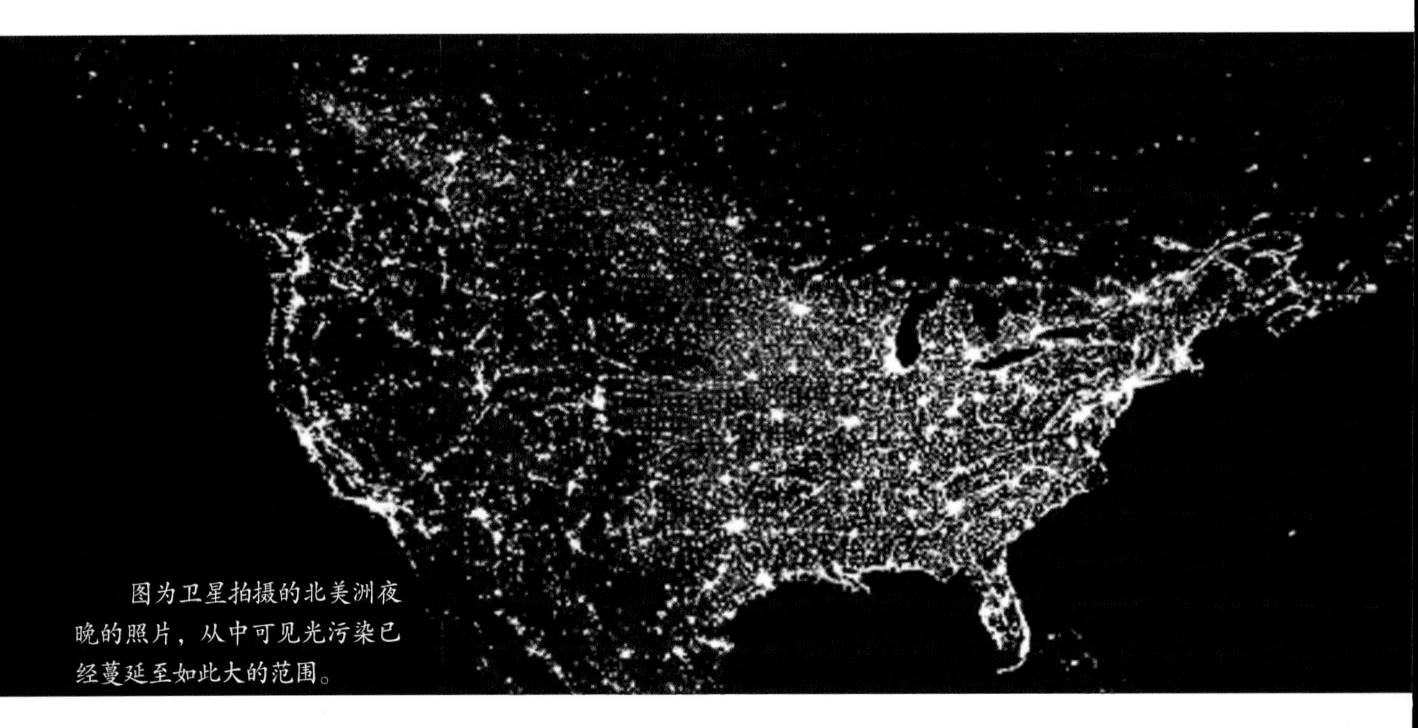

图为卫星拍摄的北美洲夜晚的照片，从中可见光污染已经蔓延至如此大的范围。

光污染是指因为人类活动而产生的照向天空的不必要的光，包括街道路灯和建筑物外灯等。

1908年，仅有约35万人居住在洛杉矶地区，对于附近的威尔逊山天文台来说，这还不算问题。

如今，洛杉矶地区的居住人口超过900万，光污染已经成了严重问题。在晚上，人们只能看到月亮和最明亮的恒星。

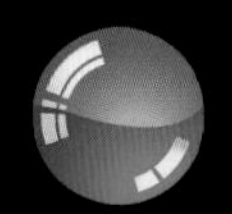

关于太阳系，地面天文台告诉了我们什么？

大多数改变我们对宇宙的认知的天文发现都是由地面天文台完成的。实际上，直到20世纪50年代，所有的天文台还都在地面。地面天文台的伟大发现始于我们开始探测我们的邻居，即太阳系内的行星和其他天体。

环绕太阳

当伽利略将望远镜对准天空时，他发现月亮表面并不平坦，而是布满山丘与峡谷；他发现木星有四个围绕它旋转的卫星；他也是第一个看到土星环的人；他还观测到金星也有阴晴圆缺，就像月亮一样。

伽利略的观测证实了自己对地心说的怀疑，他赞同波兰天文学家哥白尼的日心说理论。从此开始，地面天文台所做的发现开始不断刷新人类对宇宙的认知。天文学告诉我们，地球并非宇宙核心，它只是绕太阳旋转的多颗行星的其中一颗。

地面天文台帮助天文学家分辨出木星大气中旋转的气体带以及地球大小的风暴旋涡。

地面天文台观测到彗星实际上是大块的冰和尘埃。

天文学家利用地面天文台发现了太阳系内其他行星的所有卫星，还有彗星、小行星和土星环，还研究了太阳大气。

无尽的奇迹

今天，地面天文台还在不断探索太阳系。天文学家利用地面天文台跟踪小行星的轨迹，研究太阳的大气层，探究太阳风暴，观测围绕土星和木星运行的卫星。天文学家还将视线对准了太阳系的边缘，那里有冰冷的彗星划过。

现在望远镜可以帮助天文学家绘制月球上的山脉和环形山。

关于宇宙，地面天文台告诉了我们什么？

地面天文台观测到了存在数千亿个星系的庞大宇宙，距离我们1000万光年的IC-342便是其中的一个旋涡星系。

恒星的诞生与死亡

通过地面天文台，天文学家观测到了星云之中恒星的诞生，还看到了剧烈爆炸后恒星的死亡。能“看见”无线电波的望远镜发现了第一颗脉冲星。脉冲星其实是死去的恒星，它们就像灯塔，间歇性地发出光束。

天文学家利用地面天文台研究恒星的诞生与死亡。他们发现，我们所在的星系只是宇宙中数千亿个星系中的一个。

宇宙膨胀

20世纪20年代，美国天文学家埃德温·哈勃证明银河系之外还有其他星系，他还发现宇宙正在膨胀。今天，天文学家已经明确知道,银河系只是宇宙中数千亿个星系中的一个。

宇宙大爆炸

20世纪60年代，天文学家利用射电望远镜找到了宇宙起源于一次不可思议的大爆炸的证据。除此之外，一些其他的发现也支持宇宙是在138亿年前由一个点快速膨胀而来的理论，而且现在的宇宙还在继续膨胀。

外星生命

天文学家已经发现了4000多颗系外行星。也许在未来某一天，地面天文台能发现外星生命存在的证据。

搜寻地外文明计划（SETI）通过由许多地面射电望远镜构成的探测网络来监听宇宙深处的人造无线电信号。与此同时，搜寻地外文明计划还使用一个由成千上万台家庭计算机组成的网络，对程序收集的大量数据进行筛选。如果该计划能找到外星文明发来的无线电信号，就将证明人类在宇宙之中并不孤单，这无疑会再次刷新人类对宇宙的认知。

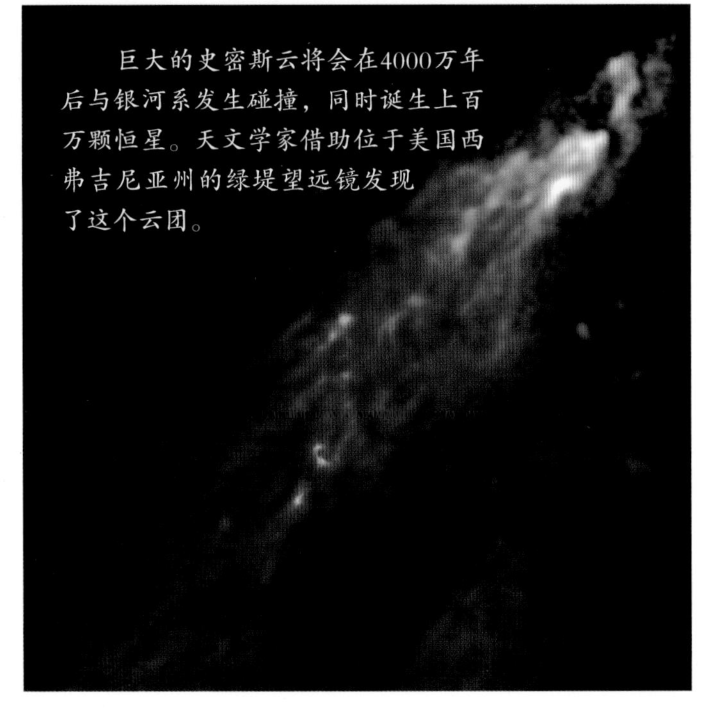

巨大的史密斯云将会在4000万年后与银河系发生碰撞，同时诞生上百万颗恒星。天文学家借助位于美国西弗吉尼亚州的绿堤望远镜发现了这个云团。

地面射电望远镜探测到了奇异星，例如位于蟹状星云中心的脉冲星。

基特峰国家天文台——沙漠中的天文绿洲

基特峰国家天文台位于距离美国亚利桑那州图森市90公里的索诺拉沙漠。这座海拔2000米的天文台拥有2架射电望远镜和19架光学望远镜，是世界上最重要的天文台之一。天文台中最大的光学望远镜是梅奥尔望远镜，它的口径为4米。

美国国家射电天文台在基特峰上装有一架射电望远镜，它的口径是12米，这架望远镜用来探测波长较短的无线电波。美国国家太阳天文台也在基特峰设有一个2米口径的太阳望远镜，它会在白天研究太阳。

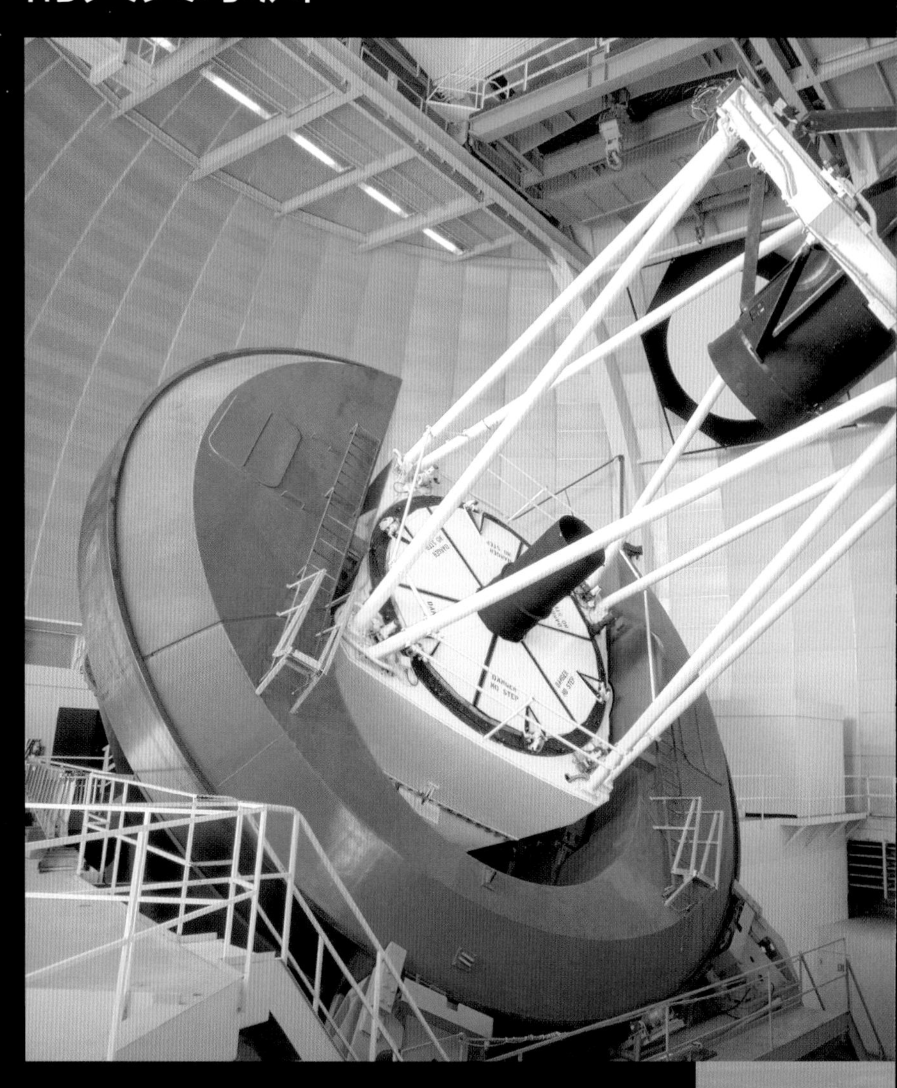

▲ 基特峰国家天文台内性能最强大的望远镜是梅奥尔望远镜，人们在80公里外就能看到这座足有18层楼高的望远镜。用于保护它的圆顶的质量达到500吨。它的主镜有一层厚度仅为头发直径千分之一的反光铝涂层。

◀ 距离地球3500万光年，呈现不规则形状的旋涡星系M66，是基特峰国家天文台观测到的众多星系中的一个。在这张假彩色照片中，蓝色和粉色部分是诞生恒星的区域。

▼ 位于美国亚利桑那州的基特峰国家天文台被建在索诺拉沙漠中一座海拔达2000米的山峰之上。高海拔和干燥的空气能减轻大气的畸变作用带来的影响。WIYN望远镜（图中左侧）的口径是3.5米，它是基特峰国家天文台中第二大的望远镜。梅奥尔望远镜（图中右侧）在基特峰的最高位置上。

地面天文台的未来

为了探测来自宇宙中微小且奇异的粒子——中微子，天文学家已经深入位于美国南达科他州的霍姆斯特克金矿矿井底部。

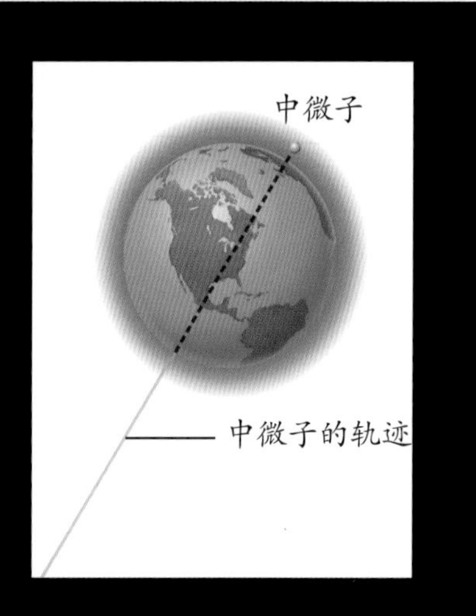

每秒钟都有数万亿个中微子撞向地球，但其中绝大部分都只是穿过，而不留下任何痕迹。

最新一代地面天文台都装有性能远超以往的望远镜，其中一些已经投入使用，另外一些还在建设之中。

愿景

位于智利的巨型麦哲伦望远镜用7个8.4米口径的反射镜面收集光线，这7个镜面会组合成24.5米口径的主镜。该望远镜预计在2025年完工启用。

2011年，中国开始着手建造500米口径球面射电望远镜（FAST），它的口径达到500米，接收面积相当于30个足球场那么大。该望远镜于2016年完工，是目前世界上最大的单一口径射电望远镜。

探测奇异粒子的天文台

并非所有的地面天文台都用于研究光。2010年，位于南极洲的冰立方中微子天文台建造完成，用于探测中微子。中微子是诞生于恒星和剧烈宇宙事件中的微小粒子，极难被探测到。实际上，每秒钟都有数万亿个中微子穿过地球而不留下痕迹。冰立方中微子天文台超厚的冰层能隔绝来自宇宙射线和其他背景辐射的干扰。

下一代地面天文台将拥有有史以来最强大的望远镜。

许多天文台都被用来探测高能宇宙线，例如阿根廷的皮埃尔•俄歇天文台。高能宇宙线携带宇宙中能量最大的粒子。直到现在，还没有人确切地知道它们的来源。科学家们希望对这些奇异粒子的研究有朝一日能揭示宇宙最极端部分的信息。

激光干涉仪引力波天文台（LIGO）利用路易斯安那州和华盛顿州的天文台探测引力波。科学家们认为宇宙中最剧烈的事件会产生引力波。为了提升探测器的灵敏度，LIGO于2010年停止运作，进行大幅度改良工程。五年后，LIGO重新启动，并于2015年9月14日首次直接探测到引力波，其源自于两个黑洞的合并。

智利的巨型麦哲伦望远镜将通过组合7个直径为8.4米的镜面，来制造出有史以来性能最强的地面望远镜。

《璀璨的银河》

《黑洞及类星体》

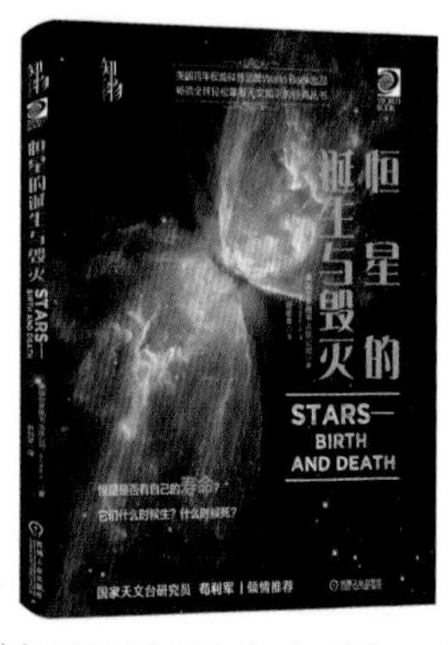

《恒星的诞生与毁灭》

《恒星的故事》

《漫游星系》

《神秘的宇宙》

《探寻系外行星》

《遥望宇宙：地面天文台》

《宇宙穿越之旅》

《宇宙瞭望者：空间天文台》